纺织服装类"十四五"部委级规划教材

Style3D标准教程

服装款式数字化建模设计与展示

黄伟　主编

张钰　郭春丽　副主编

本书配套视频

扫描二维码
复制链接并打开
后下载书中资料

东华大学出版社

·上海·

图书在版编目（CIP）数据

Style3D标准教程／黄伟主编；张钰，郭春丽副主编．
—上海：东华大学出版社，2023.9
ISBN 978-7-5669-2221-2

Ⅰ．①S… Ⅱ．①黄… ②张… ③郭… Ⅲ．①服装设计
－计算机辅助设计－高等学校－教材　Ⅳ．①TS941.26

中国国家版本馆CIP数据核字(2023)第111820号

策划编辑：徐 建 红
责任编辑：杜 燕 峰
书籍设计：东华时尚

Style3D 标准教程
Style3D BIAOZHUN JIAOCHENG

主　　　编：黄 伟
副 主 编：张 钰 郭春丽

出　　　版：东华大学出版社（上海市延安西路1882号，200051）
网　　　址：dhupress.dhu.edu.cn
天猫旗舰店：dhdx.tmall.edu.cn
营 销 中 心：021-62193056 62373056 62379558
印　　　刷：上海盛通时代印刷有限公司
开　　　本：889 mm×1194 mm 1/16
印　　　张：11.75
字　　　数：410千字
版　　　次：2023年9月第1版
印　　　次：2025年1月第2次印刷
书　　　号：ISBN 978-7-5669-2221-2
定　　　价：87.00元

参编人员名单

贺　柳　胡潮江
周　聪　邵文静
贺　鑫　黄　敏
杨　旭

目　录

第一章

概　述

学习目标	1. 了解数字服装设计的概念，对数字服装技术的形成与发展趋势有一定的认识。
	2. 了解Style3D核心理念与技术，掌握Style3D数字化服务平台的功能与软件的性质。
学习任务	了解数字服装的技术领域与发展趋势，领会服装3D数字化技术为服装产业带来的科技变化与新理念，从而对设计、产业、科技与创新有新的认识。
内容分析	阐述数字服装的概念及发展趋势，介绍Style3D数字化服务平台的性质、特色、功能与构成模块，对主要核心产品进行图解，分析Style3D软件的核心技术及配置要求。

 课程内容

一、概　述

信息技术的快速发展加速了数字服装产品形式的多样性，体现了前沿科技的发展、多元消费的升级、社交方式的演变。数字技术的出现对服装产品的设计和营销方式产生了重要影响。数字服装技术作为跨领域的新技术吸引着越来越多的研究者，基于数字技术的时尚产品设计也逐渐引起世界的注意。

1. 数字服装技术的概念

数字服装技术是指利用信息技术领域的数字现实技术、图形建模技术、仿真技术等手段对服装结构工艺、面料材质等进行仿真模拟来实现服装设计与表现。数字服装技术产生于20世纪80年代，数字服装技术作为信息技术和服装技术的交叉领域，具有一定的先进性和创新性。这项技术有助于提高服装设计师的工作成效，缩短产品研发的时间并节约成本，在一定程度上可有效降低企业的投资风险。

2. 数字服装的发展

20世纪80年代，数字服装技术集中于服装的数字化二维展示，利用图片处理技术优化二维着装效果；到90年代，该技术开始将几何三维与物理建模技术应用到人体模型上，产生动态悬垂与客户交互的数字服装三维研究技术。21世纪初，国内对数字服装技术的研究处于探索阶段，即利用数字技术三维交

互手段在计算机数字虚拟环境中生成三维版片，将其展开后输出二维衣片并验证其精确性。同时，三维全身扫描仪的研制为自动获取人体尺寸与人体表面三维模型构建提供了大数据支持，推动了数字服装虚拟试穿技术的发展进程。

3. 数字服装发展现状与趋势

新一轮科技革新和创新的迸发，使数字经济成为世界经济发展中的重要方向，知识的数字化流变已成为驱动社会经济创新发展的核心动力。数字经济新型基础设施的建设重点在于信息、配备、创新和数据等方面，是将设备、生产、厂家以及客户等元素互联的新模式。这一模式的重要特征是智能与互联，智能包括生产智能、服务智能、设备智能和过程智能；互联是人、企业、物品等互相联接和生态网络化。在数字技术的应用普及境域下，对于现代服装企业而言，产品设计研发能力的升级、资源优化与可持续发展尤为重要。服装产业生产活动的数字化储备、可交互知识和信息数据由此成为新的生产资料和关键生产要素。数字化服装设计科技创新是发展源泉，"科学引领创新，技能铸造创意"的建设发展理念大力推动了数字驱动智能制造新模式，加速了数字化智能定制平台的转型升级。服装设计教学要适应服装数字资源可持续发展的大环境，培养时尚科技人才，深化科技给服装产品设计带来的新研究理念。

二、Style3D 软件介绍

1. Style3D 数字化建模设计软件

Style3D 数字化建模设计软件是浙江凌迪数字科技有限公司自主研发的时尚产业链 3D 数字化服务平台，其核心产品包括 Style3D 数字化建模设计软件和 Style3D Fabric 数字化面料处理软件，如图 1-1 所示。从 3D 设计、推款审款、3D 改版、智能核价、自动 BOM 到直连生产，Style3D 为服装品牌商、ODM 商、面料商等提供了从设计到生产全流程的数字研发解决方案，助力企业提升服装研发效率、缩短研发周期、降低研发成本、提升企业综合竞争力。Style3D 以高度逼真的 3D 数字样衣智能设计，在线完成 3D 企划和设计，同时拥有海量的在线设计素材库，可实现设计资源重复利用，数字样衣可直接用于展示和生产，简单易用、轻松上手、仿真模拟、实时呈现，流程如图 1-2 所示。

平台包含数万件面辅料资源以及数千个辅料模型和材质设计资源的数字沉淀。平台可实现高仿真成衣效果直观可见、面料属性高清模拟、可编辑高效在线审款改版、便捷更换面料印花及版片数据实时同步智能核价直连生产。平台助力企业实现柔性制造，构建服装产业 3D 数字化生态与服装 3D 数字化标准体系建设，打造企业全链路、全生态的数字供应链，如图 1-3 所示。

图 1-1　Style3D 软件产品

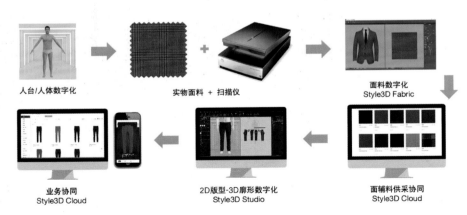

图 1-2　数字样衣创建及协同流程

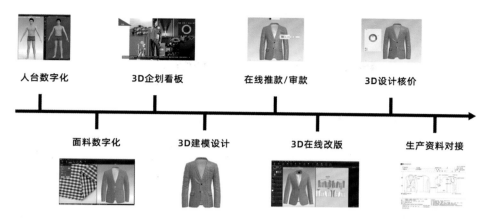

人台数字化　　　3D企划看板　　　在线推款/审款　　　3D设计核价

面料数字化　　　3D建模设计　　　3D在线改版　　　生产资料对接

图1-3　服装3D数字化全链路

2. Style3D数字化建模设计软件核心技术

（1）高效绘制建模与模块化工作

Style3D核心技术主要有柔性仿真、服装真实感渲染及服装CAD设计，软件工作界面根据工作内容的不同进行了窗口模块化设计，可快捷、高效、直观地进行服装款式设计建模与效果模拟，如图1-4所示。软件的模块化功能划分明确，能够提高设计建模的工作效率。

（2）云端在线素材库和与再设计

通过Style3D云端在线素材库官方市场可获取服装、配件、场景等，可根据下载的相关素材进行编辑和再设计，能够快捷地进行设计变化。

（3）精度模拟GPU与CPU物理仿真

面料高精度的仿真模拟是最具挑战性的，因面料具有复杂的物理属性，如弹性、变形、拉伸等。Style3D的面料模拟建立在先进的NVIDIA显卡上以获得高效的GPU加速性能。同时，通过SIMD加速技术也可以高效地运行在主流的CPU架构上，支持跨平台操作。

（4）面料设计数据设置与真实感渲染

Style3D Fabric数字化面料处理软件界面如图1-5所示，软件可连接面料数字扫描或直接输入数字面料数据，编辑数字化面料样式，设置面料属性，自由获取/裁剪面料局部，自动生成新的面料纹理，快速组合面料效果。呈现在屏幕上的面料质感逼真，成衣效果真实感强，如图1-5所示。

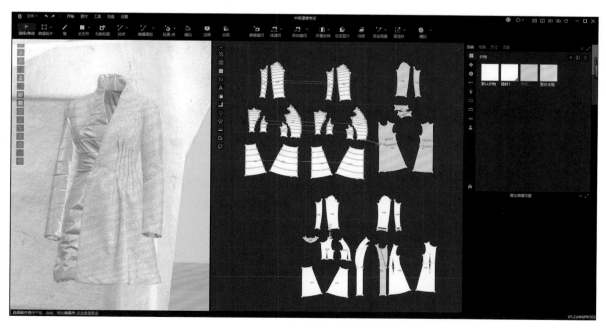

图1-4　3D数字化建模设计软件界面

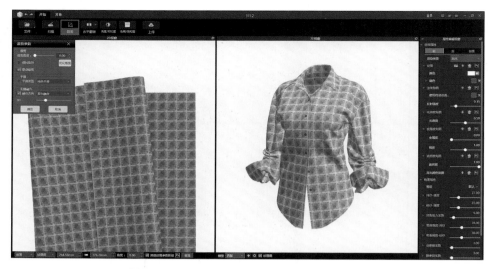

图 1-5　Style3D Fabric 数字化面料处理软件界面

（5）动态展示与场景设计

软件拥有强大的动画场景素材及编辑功能。动画编辑器能够选择不同的人体姿势动态素材、编辑动态路径及设置动画质量等；场景编辑在具备多场景素材的同时还可对场景进行编辑、建模设计等。软件完成动态及场景编辑后可进行输出形成播放短片，如图1-6所示。

3. Style3D 对电脑硬件配置的要求

Style3D 软件需要对虚拟服装设计与建模的过程进行反复修改与渲染，针对服装产品的结构廓形、外观属性、虚拟人物穿着动态姿势、场景灯光等进行数字化的设置与调试。软件对电脑硬件配置的性能要求主要分为四个等级，如表1-1所示：

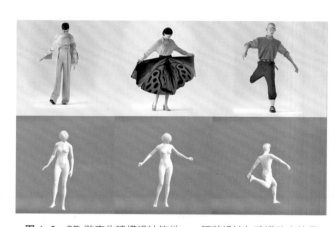

图 1-6　3D 数字化建模设计软件——服装设计与建模动态效果

表 1-1　电脑配置要求

级　别	最低配置	推荐配置	特殊品类推荐配置（羽绒服等复杂品类）	最高推荐配置
系　统	Windows® 10 64 位系统			
处理器	Inetel® Core ™ i5 11400 或 AMD Ryzen5 3600x	Inetel® Core ™ i7 11700 或 AMD Ryzen5 3800x	Inetel® Core ™ i7 11700 或 AMD Ryzen7 5600x 或更高	Inetel® Core ™ i9 11900K 或 AMD Ryzen7 5900x 或更高
显　卡	NVIDIA GeForce GTX 1060 或 Quadro P2200 显存 2GB 以上	NVIDIA GeForce RTX 3060 或 Quadro P4000 显存 6GB 以上	NVIDIA GeForce RTX 3070 或 Quadro RTX 5000 显存 8GB 以上	NVIDIA GeForce RTX 3080 或 Quadro RTX 5000 显存 12GB 以上
	不支持 ATI 显卡或是 Intel® 集成显卡			
内　存	8GB	16GB	32GB	32GB
存储空间	20GB 硬盘空间以上推荐使用固态硬盘			
显示器	最低 1920×1080	最低 1920×1080	最低 1920×1080	最低 1920×1080
鼠　标	两键滚轮鼠标	两键滚轮鼠标	两键滚轮鼠标	两键滚轮鼠标

Style 3D
标准教程

第 二 章

Style3D 软件界面及功能介绍

第一节　Style3D 界面

学习目标　　1. 了解 Style3D 软件操作界面。

　　　　　　　2. 掌握 Style3D 软件操作界面各项功能及属性，可以有效地进行服装建模操作。

学习任务　　了解并掌握 Style3D 软件操作界面各项功能及属性。

内容分析　　了解各界面窗口的位置、功能、属性，并掌握其作方法，如视窗视角放大缩小、拖动位置等。

 **课程内容**

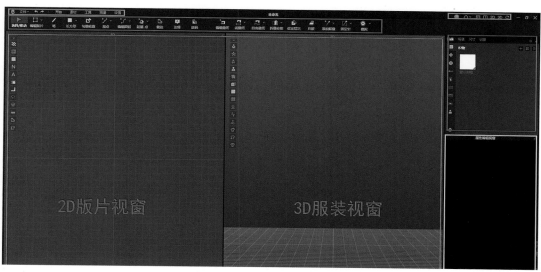

　　整个界面中紫色框为操作界面，其中左边为 2D 版片视窗，右边为 3D 服装视窗，蓝色框为场景管理视窗，黄色框为属性编辑视窗，界面最上方绿色框为菜单栏，菜单栏下方红色框为操作工具功能栏，界面右侧最上方橘色框为用户名称和界面切换工具。

　　操作方法： 2D 视窗可以通过鼠标滚轮放大缩小视角，按住鼠标滚轮可以自由拖动视窗位置；将鼠标放在空白位置，按鼠标右键，可弹出更多功能操作；3D 视窗同样可以通过鼠标滚轮放大缩小视角，按住鼠标滚轮可以自由拖动视窗位置。

第二节　Style3D 菜单

学习目标	了解 Style3D 软件各种菜单栏工具及操作方法。
学习任务	应用 Style3D 菜单中的文件、开始、素材、工具、测量、设置及其子菜单功能及属性，实现3D数字化产品设计并模拟效果。
内容分析	Style3D 菜单中的文件、开始、素材、工具、测量、设置及其子菜单功能及属性内容多而繁杂，要逐个进行了解。

 **课程内容**

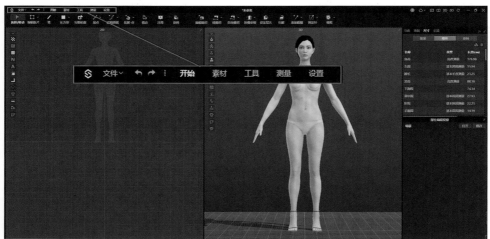

菜单栏分为六个栏目：文件、开始、素材、工具、测量、设置。

1. 文件栏：文件的保存、导入和服装最终效果处理的保存等。

2. 开始栏：编辑版片、缝边、版片缝纫、3D视窗成衣模拟及效果模拟处理等。

3. 素材栏：面料、图案、纽扣、拉链、明线、褶皱等素材编辑。

Style 3D
标准教程

4.工具栏：3D快照、2D版片、离线渲染、动画编辑器、齐色、简化网格、烘焙光照贴图等编辑。

5.测量栏：对虚拟模特及服装版片进行测量等。

6.设置栏：显示设置、快捷键偏好、保存路径设置，版本更新、版本信息及在线使用手册教程等。

文件栏

文件栏中含：新建、打开、最近使用、保存项目、另存为、导入、导出等工具。

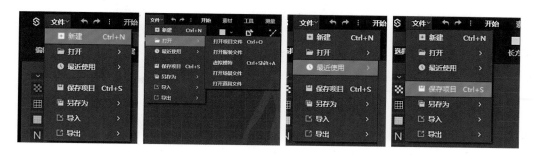

1.新建：新建项目工程文件、关闭原文件、重启新空白界面等。
2.打开：打开各种格式的项目文件。
3.最近使用：打开最近一段时间使用过的项目文件。
4.保存项目：保存项目文件。

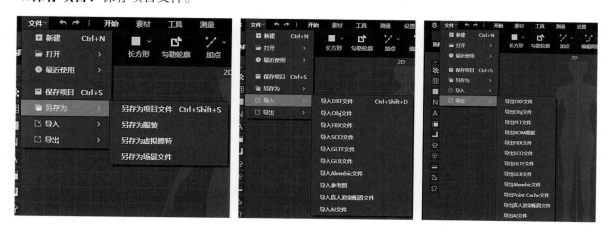

5.另存为：把完成的项目文件另存为新的项目文件，如服装，虚拟模特等。
6.导入：导入各种格式的项目文件，如dxf格式的版片文件，obj格式的模型附件或模特，fbx格式的模型、模特或带动作的模型等，sco格式的项目工程文件等。
7.导出：导出各种格式的项目文件，如dxf格式的版片文件，obj格式的模型附件或模特，fbx格式的模型、模特或带动作的模型等，sco格式的项目工程文件等。

开始栏包含： 选择/移动、编辑版片、笔、长方形与圆形、勾勒轮廓、加点、编辑圆弧、延展、缝边注释、放码、编辑缝纫、线缝纫与多段线缝纫、自由缝纫与多段自由缝纫、折叠安排与翻折褶裥、设定层次、归拔、添加假缝到模特、固定针、模拟等工具。

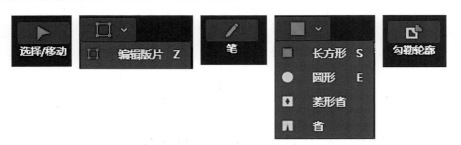

1. 选择/移动： 在2D/3D视窗中对版片进行选中、移动；选中版片按鼠标右键可以对版片进行复制、克隆对称版片、旋转角度、翻转或粘衬等操作；模拟状态下可在3D视窗对版片进行拉扯拖拽。

2. 编辑版片： 在2D/3D视窗中可以对版片的边线、内部线和点进行拖动编辑，在拖动过程中按鼠标右键可以输入相关数值；选中边线或点按鼠标右键可以进行版片外线扩张、生成等距内部线、设置弹性抽褶和点转换曲线点等操作。

3. 笔： 在2D视窗内空白位置可画出由三个点以上组成的闭环平面图形，结合Ctrl键可以画弧线（结束时在闭环点双击鼠标）；在2D/3D视窗内的版片内部可以任意画出内部线或内部图形，结合Ctrl键可以画弧线（结束时在终点双击鼠标）。

4. 长方形、圆形、菱形省和省： 在2D视窗的空白位置或版片内单击鼠标左键会弹出长方形、圆形参数编辑窗口。在2D视窗的空白位置或版片内，按住鼠标左键拖动时可以自由绘制长方形与圆形；用鼠标点击版片内部点为省的中点，待弹出窗口后输入省各项参数，即生成菱形省；用鼠标点击版片外轮廓净边可以插入尖省，待弹出窗口后可输入省各项参数。

5. 勾勒轮廓： 鼠标点选基础线回车键可生成为内部线；鼠标右键选择可生成为内部线或内部图形。

6. 加点、刀口： 在2D视窗内，鼠标在版片边线或内部线上单击左键可以添加点（把一条线断开成两段线），鼠标在版片边线或内部线上单击右键会弹出断点编辑窗口，可进行断点、线段长短、平均分段等编辑；在版片净边点击鼠标左键可添加刀口，单击右键可以编辑刀口距离端点数值，按住鼠标左键可以拖动刀口，Delete键可以删除刀口。

7. 编辑圆弧、编辑曲线点、生成圆顺曲线： 在2D视窗内对版片的边线、内部线进行圆弧编辑，按住鼠标左键拖动可编辑线段弧度大小及方向；在2D视窗内对版片边线、内部线的曲线点进行编辑，鼠标在边线、内部线上点击左键可以生成新的曲线点；按住鼠标左键可对曲线点进行拖动、点选或框选；按鼠标右键可以删除

Style 3D
标准教程

曲线点或重新设置曲线点的数量（平均分布曲线点），也可以把曲线点转换成线段端点；在2D视窗内可以生成圆顺曲线，对版片尖角及内部线尖角进行圆弧处理。

8.延展：在2D视窗内对版片进行展开或收缩。

9.缝边：对版片净边进行缝边编辑，同时可在属性编辑视窗编辑缝边的大小与角度。

10.注释：对版片进行文字注释（鼠标左键点击可在版片内任意位置输入文字注释）。

11.放码：对版片进行放码操作。

12.编辑缝纫：可以对缝纫线进行端点拖动，还可以完成缝纫线各项属性编辑。

13.线缝纫与多段线缝纫

线缝纫：可将版片的边线或内部线进行缝合。按住Shift键可以单边多选线段（边线或内部线）进行缝合；

多段线缝纫：可以单边多选线段（边线或内部线）按回车键进行确定，再点选另一边的线段，最后按回车键确认生成缝纫线进行缝合。

14.自由缝纫与多段自由缝纫

自由缝纫：可自由地在边线或内部线上点选缝纫线的起点，沿边线或内部线进行拖动画出缝纫线，任意位置单击为终点，并可结合Shift键进行单边多选线段并缝纫；**多段自由缝纫**：可单边多选线段后回车进行确定，再点选另一边的线段并回车确认生成缝纫线。

15.折叠安排与翻折褶裥

折叠安排：在3D视窗内可以根据版片内部线和缝纫线对版片进行翻折；**翻折褶裥**：对连续用同一种打褶工艺的折线（内部线）进行角度编辑。

  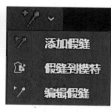  

16.设定层次：对版片进行层次设定。

17.归拔：在3D视窗内对服装进行收缩熨烫、归拔拉伸。

18.添加假缝与假缝到模特

添加假缝：在3D视窗内将版片进行点对点缝合使其固定在一起（类似现实中用珠针或别针把服装的两个部位钉在一起）；**假缝到模特**：在3D视窗将版片的某个部位以点对点的形式固定在虚拟模特的某个位置（类似现实中用珠针把衣服固定在人台的某个位置）。

19.固定针：在2D/3D视窗内对版片的某个点或区域进行固定（区域进行框选），使其在模拟状态下不会发生变化（点击鼠标右键可以对固定针进行删除）。

20.模拟：可以开启或关闭缝纫及相关参数的模拟。

素材栏含：编辑纹理、纹理排料、调整图案、图案、参考图、粘衬条、纽扣、扣眼、系纽扣、拉链、编辑明线、线段明线、自由明线、编辑嵌条、嵌条、编辑褶皱、线褶皱、自由褶皱等。

1.编辑纹理：调整版片的面料纹理方向、大小等，同时可以选择一个版片或多个版片，通过视窗右上角的坐标轴进行调整。

2.纹理排料：通过排唛架对面料进行图形调整。

3.调整图案：可对图案位置、角度、大小、正反显示进行编辑与调整，同时还可编辑图案在版片经、纬向连续平铺和整版片全铺。

4.图案：可进行图案添加与切换。

5.粘衬条：对版片的边线进行粘衬工艺处理来固定版片边线长度，使版片缝合后不会被拉伸变形。

6.纽扣：可在版片任意位置添加纽扣或通过版片内部线添加多个等距纽扣，也可以通过拖动已有纽扣进行位置调整。

7.扣眼：可在版片任意位置添加扣眼或通过版片内部线添加多个等距扣眼，也可以通过拖动已有扣眼进行位置调整。

8.系纽扣：将纽扣和扣眼系在一起或将系好的纽扣解开。

9.拉链：通过版片单条、连续线段、边线或内部线画出拉链一边的长度（双击确定），再根据画好的一边拉链画出拉链的另一边并双击生成拉链（选中拉链可编辑拉链各项属性）。

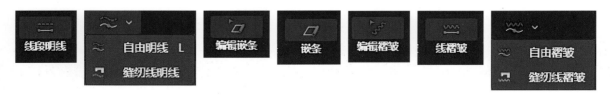

10.编辑明线：对已有明线工艺进行编辑，如起点位置、终点位置、位置翻转、起端和尾端的延伸等。

11.线段明线：可通过鼠标点击版片净边线段或内部线添加明线工艺，还可以通过属性编辑视窗进行明线的延伸和翻转编辑。

12.自由明线与缝纫线明线：可以在版片任意位置设置明线起点，沿线段或连续线段画出明线；可根据缝纫线同时给两个缝合的版片都添加明线。

13.编辑嵌条：对已有的嵌条进编辑，如嵌条大小、厚度、起点位置、终点位置以及面料织物等。

Style3D
标准教程

14. 嵌条： 可给单个或多个版片的连续边线绘制嵌条。

15. 编辑褶皱： 对已有褶皱工艺进行编辑，如起点位置、终点位置、褶皱翻转等。

16. 线褶皱： 在版片的边线或内部线上添加褶皱工艺贴图。

17. 自由褶皱与缝纫线褶皱： 在版片任意位置设置褶皱起点，沿线段或连续线段画出褶皱（边线、内部线均可）；可根据缝纫线给缝合的版片添加褶皱。

工具栏

工具栏包含： 3D快照、2D快照、离线渲染、动画编辑器、齐色、简化网格、烘焙光照贴图等。

1.3D快照： 在3D视窗对服装成衣进行多角度快照并渲染及保存，同时还可生成旋转动态图进行保存。

2.2D版片快照： 在2D视窗对所有版片进行快照并保存。

3.离线渲染： 对服装材质与光照进行设置，然后进行图片渲染与保存。

4.动画编辑器： 服装以穿着状态进行走秀展示，并完成视频导出。

5.齐色： 对完成制作的成衣进行齐色、多色、不同面料效果编辑。

6.简化网格： 对成衣版片的网格数量进行简化，让成衣层次廓形更明显。

7.烘焙光照贴图： 对服装的成衣效果进行光照烘培处理，让成衣层次与廓形更明显。

测量栏

1.虚拟模特测量： 在3D视窗对虚拟模特的圆周、表面长度，高度进行测量。

2.服装测量： 在3D视窗对服装进行圆周测量以及服装任意两点的直线距离测量。

设置栏包含：显示、偏好设置、检查更新、关于、功能手册、凌迪大学、自定义菜单、反馈等工具。

1.显示栏：

（1）视角：通过键盘上的数字"2"（正面）、"4"（左侧）、"6"（右侧）、"8"（背面）、"0"（垂直仰视）、"5"（垂直俯视）进行3D视窗视角切换，按F键后视角可以对焦到鼠标选中的点。

（2）服装：在2D、3D视窗内对服装和服装上的纽扣、扣眼、缝纫线、固定针、假缝、尺寸等进行显示和隐藏。

（3）模特：在3D视窗内显示或隐藏虚拟模特、虚拟模特尺寸、安排点、骨骼等。

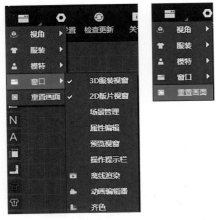

（4）窗口：对软件界面上的窗口进行显示和隐藏，如2D视窗、3D视窗、场景视窗、属性视窗、预览视窗、齐色视窗、操作提示视窗、动画编辑视窗、离线渲染视窗等。

（5）重置画面：对软件整个界面的视窗位置进行重置。

2.偏好设置：对操作快捷键、整个软件的分辨率进行更改或重置，同时还可以对服装面数、大小、内存、自动保存路径、保存时间长度等进行设置。

3.检查更新：检查是否有新版本发布并更新。

4.关于：软件现版本的相关信息。

5.功能手册：联网状态下可查看Style3D官方网站使用手册。

6.凌迪大学：联网状态下可查看Style3D官方网站相关教程。

7.自定义菜单：自定义软件快捷菜单。

8.反馈：联网状态下在Style3D官方网站进行相关意见反馈。

第三节 Style3D 视窗

学习目标	1. 了解Style3D各种视窗。
	2. 掌握Style3D软件2D版片视窗、3D服装视窗、场景管理视窗操作界面各项功能及属性，可以有效地进行服装建模工作。
学习任务	通过掌握Style3D软件2D版片视窗、3D服装视窗、场景管理视窗操作界面各项功能及属性，达到在各视窗完成各种设置、编辑与调整并实现3D数字化产品设计以及产品展示的目的。
内容分析	2D版片视窗主要对服装版片以2D的形式进行显示，通过面料纹理、2D网格、面料透明、版片名、边长、尺寸、基础线、布纹线、缝边、隐藏样式2D等进行显示切换来完成版片各项编辑；3D服装视窗主要对服装以虚拟模特穿着的形式进行立体显示，通过安排点、骨骼、模特纹理表面、模特网格、面料纹理表面、面料厚度、面料透明、面料网格、应力图、应变图、试穿图、内部线、隐藏样式3D、造型线等各种显示切换来完成3D相关编辑；场景管理视窗是对场景、素材、尺寸、记录等类目进行设置与编辑。

S 课程内容

2D版片视窗　　3D服装视窗

一、2D 版片视窗图标功能

1. 2D面料纹理表面： 显示或隐藏2D视窗内版片织物面料纹理。

2. 显示2D网格： 显示和隐藏2D视窗内版片网格。

3. 面料透明： 切换版片透明与正常状态，透明状态便于编辑下层版片。

4. 显示版片名： 显示和隐藏2D视窗内版片的名称。

5. 显示注释： 显示和隐藏2D视窗内版片上的注释。

6. 显示边长： 显示和隐藏版片两点之间的线段长度。

7. 显示尺寸： 显示和隐藏2D视窗的边框长度。

8. 显示基础线： 显示和隐藏2D视窗内版片内的基础线。

9. 显示布纹线： 显示和隐藏版片布纹纱向。

10. 显示缝边： 显示和隐藏版片的缝份与缝边。

11. 隐藏样式2D： 隐藏和显示2D视窗内版片上粘衬、对称线、假缝、硬化等。

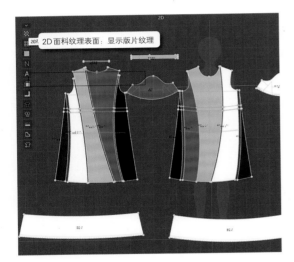

1.2D面料纹理表面

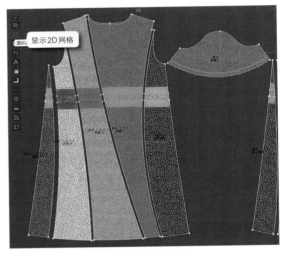

2.显示2D网格

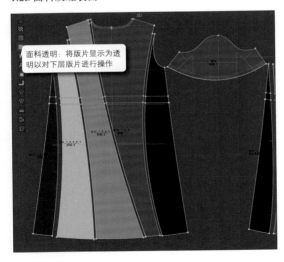

3.面料透明

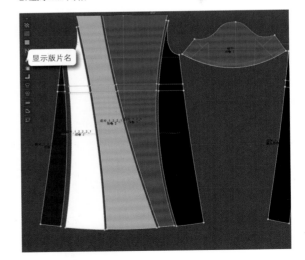

4.显示版片名

Style 3D
标准教程

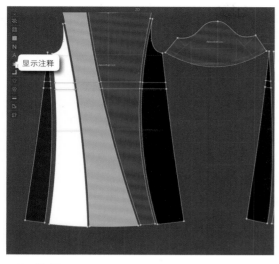

5. 显示注释

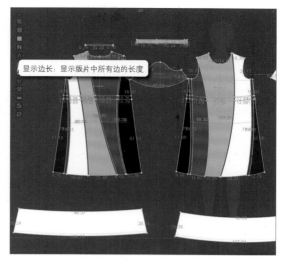

6. 显示边长

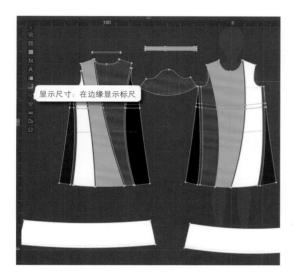

7. 显示尺寸

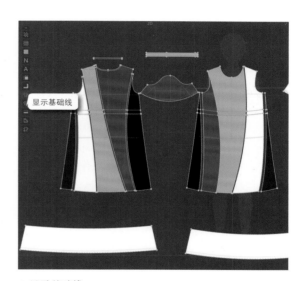

8. 显示基础线

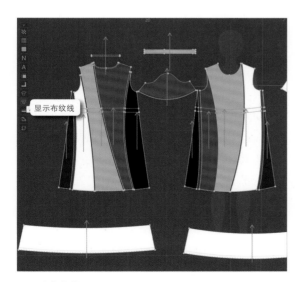

9. 显示布纹线

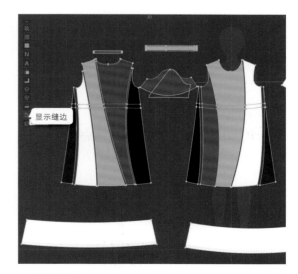

10. 显示缝边

隐藏样式2D:隐藏由程序产生的颜色样式

11. 隐藏样式 2D

二、3D 服装视窗图标功能

1. 显示安排点：显示和隐藏虚拟模特上的安排点，通过安排点把版片安排在虚拟模特上。

2. 显示骨骼：显示和隐藏骨骼，通过骨骼对虚拟模特进行姿势编辑和调整。

3. 虚拟模特纹理表面：显示和隐藏虚拟模特表面的纹理，即虚拟模特的皮肤。

4. 虚拟模特网格：显示和隐藏虚拟模特的表面网格。

5. 面料纹理表面：显示和隐藏服装版片的面料纹理。

6. 面料厚度：显示和隐藏服装版片的面料厚度。

7. 面料透明：切换版片透明与正常状态，3D 窗口中透明状态下可见里层版片及工艺。

8. 面料网格：显示和隐藏版片网格即粒子间距大小。

9. 应力图：在模拟状态下显示服装穿着在虚拟模特身上时的受力部位及受力效果。

10. 应变图：在模拟状态下显示服装穿着时版片与版片之间、版片与虚拟模特之间被拉伸的部位。

11. 试穿图：在模拟状态下显示服装的穿着状态。

12. 显示内部线：显示和隐藏版片内部线。

13. 隐藏样式 3D：在 3D 视窗内显示和隐藏服装版片上粘衬、硬化、冷冻等。

14. 显示造型线：显示和隐藏服装整体造型、内部分割、口袋等造型线。

Style 3D
标准教程

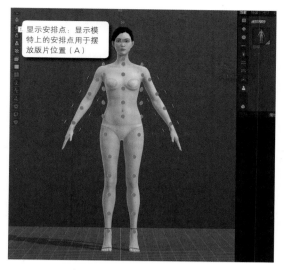

1. 显示安排点

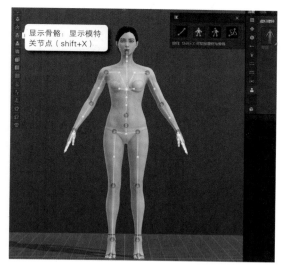

2. 显示骨骼

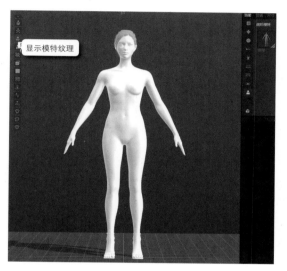

3. 虚拟模特纹理表面

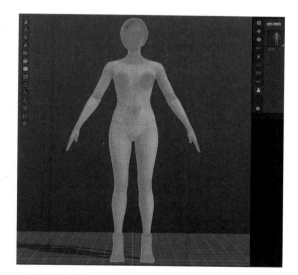

4. 虚拟模特网格

5. 面料纹理表面

6. 面料厚度

面料透明：以透明样式显示面料以观察版片后方（Alt+7）

7.面料透明

面料网格：在版片表面显示数据网格（Alt+3）

8.面料网格

应力图：显示服装所受到的力的大小（Alt+4）

9.应力图

应变图：显示服装由于受力所产生的拉伸大小（Alt+5）

10.应变图

试穿图：显示服装由于拉伸而造成的穿着舒适度（Alt+6）

11.试穿图

显示内部线

12.显示内部线

13. 隐藏样式 3D

14. 显示造型线

三、场景管理视窗应用

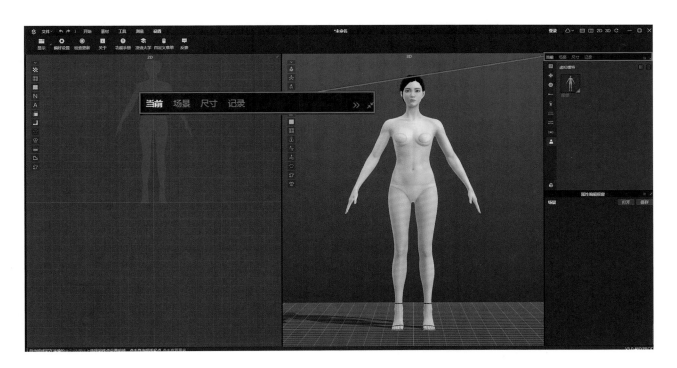

场景管理视窗包含：当前、场景、尺寸、记录 4 个栏目。

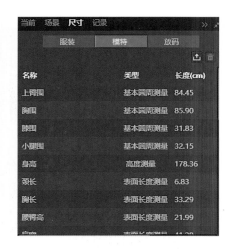

1.当前： 对当前服装进行素材管理，如可以通过素材栏进行素材添加、复制以及删除。

2.场景： 隐藏或显示3D视窗场景中地面、服装版片、模特、附件、辅料素材以及服装工艺（缝纫线、假缝、固定针）等。场景属性可对3D视窗场景进行背景颜色与图案更换，还可以调节3D视窗场景灯光属性、重力、空气阻力、风控制器等。

3.尺寸： 查看服装和虚拟模特的各种尺寸。

4.记录： 对服装进行记录。

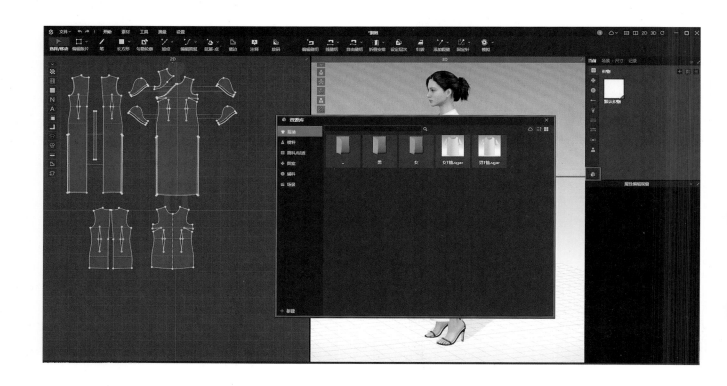

Style 3D
标准教程

5.素材库： 下方小立方体盒子为软件里自带的服装、虚拟模特、织物、图案、辅料、场景等素材库。

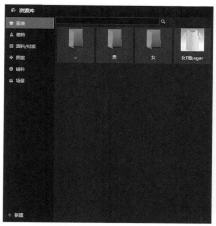

（1）服装素材库

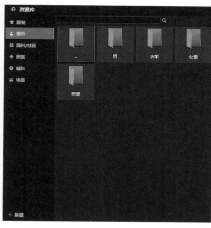

（2）虚拟模特素材库

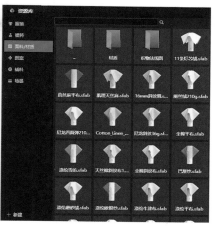

（3）面料/材质素材库

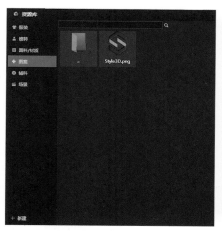

（4）图案素材库

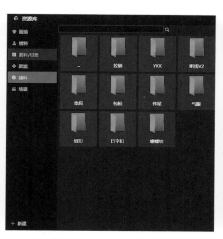

（5）辅料素材库

（6）场景素材库

第四节　素材属性

学习目标　1.了解Style3D软件素材属性操作界面及窗口。

2.掌握Style3D软件素材属性各项功能及属性。

学习任务　学习Style3D软件素材属性各项功能及属性，通过素材属性中织物面料、图案、纽扣、扣眼、拉链、明线、褶皱的属性设置、编辑与调整，实现3D数字化产品设计及展示。

内容分析　在3D数字化产品设计中可根据具体需要在Style3D软件素材属性编辑视窗中对织物面料、图案、纽扣、扣眼、拉链、明线、褶皱等属性进行设置与调整，最终达到所需建模效果。

一、织物面料属性

操作方法：鼠标点击场景管理视窗中织物栏图标，属性编辑视窗会显示织物面料的属性信息和数值，同时可进行编辑与调整。

1. 通过属性编辑视窗可以编辑面料的前、后、侧面不同渲染材质类型；

2. 通过属性编辑视窗点击纹理栏加号"+"可以添加各种面料纹理贴图（如JPG 和 PNG 格式等），同时在颜色栏中通过鼠标点击彩色球可以更换面料颜色（可以褪色与添加颜色）；

3. 通过属性编辑视窗添加法线贴图或者开启自动法线，使面料纹理更加立体清晰，还可以通过不同效果贴图对面料进行反光、金属度、透明度等纹理材质编辑；

4. 在属性编辑视窗中可通过鼠标滚动下滑至物理属性栏对面料物理属性进行预设与编辑：

（1）拉伸：代表面料在被拉扯时的变形度（拉扯时弹力大小、克重也会对面料产生拉伸力），拉伸的数值越大越不容易被拉扯变形。

（2）弯曲：代表面料的硬挺度，数值越大面料硬度就越大，越不容易变形（如皮革、牛仔等面料的弯曲数值较大，不容易变形）。

（3）变形率：变形率数值越大褶皱的效果就越细腻，数值为"0"时变形率属性未开启。

（4）变形强度：变形强度数值越大褶皱的效果就越细腻，在数值为"0"时为未开启变形强度属性。

（5）动摩擦系数：指在模拟状态下拉扯版片时版片与版片之间或版片与虚拟模特之间的摩擦力（吸附力）数值。

（6）静摩擦系数：模拟静止状态下版片与版片之间或版片与模拟模特之间的摩擦力（吸附力）数值。

（7）克重：指服装面料克重系数，克重越大的服装就越具有垂感。

二、图案属性

操作方法：鼠标点击图案栏的图案图标，属性编辑视窗会显示图案属性信息和数值，同时进行编辑与调整。

1.图案变化信息：属性编辑视窗对图案的大小数值和旋转角度进行编辑。

2.图案工艺：图案工艺栏可选择各种图案贴图效果(如金粉印、数码印、

裂纹印、珠片绣等），在离线渲染时点击开启，图案贴图厚度和面料纹理同时可在图案上呈现。

3. 材质和纹理：材质栏可更换不同的材质（如丝绸、金属、反光、皮革等）；在纹理栏点击加号"+"可添加或更换不同的图案贴图（JPG和PNG格式），同时点击颜色栏中彩色球可以更换图案颜色。

4. 图案效果贴图：添加法线贴图或者开始使用自动法线贴图可以让图案的纹理更加立体，添加光滑度贴图、金属度贴图、透明度贴图可以对图案进行不同效果处理。

三、纽扣属性

操作方法：鼠标点击纽扣栏中纽扣图标，属性编辑视窗会显示纽扣属性信息和数值，同时可进行编辑与调整，并可在预览视窗进行预览。

1. 纽扣：属性编辑视窗纽扣库可以更换不同纽扣样式，点击纽扣模型后的"+"可以添加外部模型作为纽扣样式（OBJ格式），同时还可通过编辑视窗更改纽扣厚度与直径。

2. 材质和纹理：属性编辑视窗中材质栏可更换纽扣和纽扣线的材质（如丝绸、金属、皮革等）；颜色栏中彩色球可更换纽扣颜色；纹理栏可添加纽扣的纹理贴图。

3. 纽扣纹理效果贴图：属性编辑视窗中可通过添加法线贴图或开启自动法线贴图使纽扣的纹理更加立体清晰，同时还可添加光滑度贴图、金属度贴图、透明度贴图等不同纹理效果。

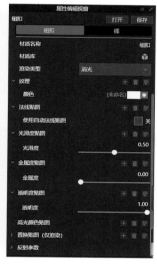

四、扣眼属性

操作方法：鼠标点击扣眼栏中扣眼图标，在属性编辑视窗中对扣眼进行编辑，并可在预览视窗进行预览。

1. 扣眼库：属性编辑视窗的扣眼库可更换扣眼样式。

2. 扣眼：属性编辑视窗中可编辑扣眼宽及大小，类型对话框中可选择扣眼贴图与模型。

3. 材质和纹理：材质栏中可更换扣眼材质（如丝绸、金属、皮革等）；颜色栏中彩色球可更换扣眼颜色；纹理栏中可添加或更换扣眼的纹理样式。

4. 扣眼纹理效果贴图：属性编辑视窗中可通过添加法线贴图或开启自动法线贴图使扣眼的纹理更加立体清晰；同时可添加光滑度贴图、金属度贴图、透明度贴图等不同纹理效果。

五、拉链属性

操作方法： 鼠标点击拉链栏的拉链图标，属性编辑视窗会显示拉链属性信息和数值，同时可进行编辑与调整，并可在预览视窗进行预览。

1. 布带： 布带库中可更换拉链布带样式，在渲染类型对话框中可更换布带材质（如丝绸、金属、塑料等）；颜色栏中点击彩色球可更换或添加拉链布带颜色；添加法线贴图或开启自动法线贴图可以使拉链布带的纹理更加立体清晰，同时还可添加光滑度贴图、金属度贴图、透明度贴图等不同效果。

2. 拉齿： 拉齿库中可更换拉链拉齿样式，拉齿类型对话框中可选择贴图与模型；在渲染类型对话框中可更换拉齿材质（如金属、塑料、反光、自发光等）；颜色栏中点击彩色球可更换或添加拉齿颜色。

3. 法线贴图： 添加法线贴图或开启自动法线贴图可使拉齿纹理更加立体清晰，同时还可添加光滑度贴图、金属度贴图、透明度贴图等不同效果。

4. 其他属性： 鼠标在属性编辑视窗向下滚动可对拉链进行其他属性编辑（与面料物理属性编辑相同）。

5. 拉头、拉止

（1）尺寸：拉头和拉止的大小可以进行3#、5#、7#等型号选择，也可以输入百分比（%）进行编辑；拉头、拉片、拉链上止和拉链下止可以通过对话框右边箭头进行模型样式更换。

（2）拉头、拉止：可以在渲染材质栏中更换不同的材质类型（如金属、塑料、反光等）；在颜色栏中点击彩色球可更换或添加拉头、拉止颜色，添加法线贴图或开启自动法线贴图可使拉头、拉止纹理更加立体清晰，同时还可添加光滑度贴图、金属度贴图、透明度贴图等不同效果。

Style 3D
标准教程

六、明线属性

操作方法：鼠标点击明线栏中的明线图标，属性编辑视窗会显示明线属性信息和数值，同时可进行编辑与调整。

1.明线库：属性编辑视窗中明线库可更换不同明线样式（如三针五线、人字车、套结、三针四线等）。

2.线的数量：可根据内部线或边线数量生成明线（单条或多条）。

3.宽度：明线的粗细。

4.到边的距离：明线到生成明线的边线或内部线的距离。

5.线的间距：两条明线之间的距离。

6.针距：明线每一针的长度。

7.针间距：明线每一针之间的距离。

8.材质栏：属性编辑视窗中材质栏可更换明线材质类型（如丝绸、金属、反光等）。

9.纹理栏：属性编辑视窗中纹理栏点击"+"可更换或添加明线的样式贴图。

10.颜色栏：属性编辑视窗中颜色栏点击彩色球可以更换或添加明线颜色。

11.法线贴图：属性编辑视窗中通过添加法线贴图或开启自动法线贴图使明线的纹理更加立体清晰，同时可添加光滑度贴图、金属度贴图、透明度贴图对明线纹理进行不同效果处理。

12.环境设置网格面：前（服装版片正面的明线显示）、后（服装版片的反面的明线显示）、全部（服装版片正、反面的明线显示）。

七、褶皱属性

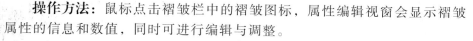

操作方法：鼠标点击褶皱栏中的褶皱图标，属性编辑视窗会显示褶皱属性的信息和数值，同时可进行编辑与调整。

1.褶皱库：属性编辑视窗中针对不同面料可选择不同的褶皱效果样式（如棉、牛仔、皮革等）。

2.法线贴图：属性编辑视窗中法线贴图可编辑服装版片上褶皱的纹理强度和清晰度。

3.规格

（1）密度：指褶皱的密集程度，密度数值越小褶皱越密越多，数值越大褶皱越少；

（2）长度：指褶皱的长度，数值越大褶皱越稀，数值越小褶皱就越小越密；

（3）宽度：指褶皱从生成的线延伸到版片里的深度即长度。

八、模特属性

操作方法： 鼠标点击虚拟模特栏中的虚拟模特图标，属性编辑视窗会显示虚拟模特属性的信息和数值，同时可进行编辑与调整。

1. 名字： 属性编辑视窗中可以对不同虚拟模特的名字进行更改。

2. 姿势： 在姿势栏可以对虚拟模特的姿势进行更改，同时还可以通过资料库中的小云朵在平台下载不同姿势的模特。

3. 使用姿势创建时位置： 属性编辑视窗中可以通过勾选后面的"开"与"关"来选择是否使用姿势创建时位置。

4. 参加模拟： 属性编辑视窗中可勾选"是"与"否"来选择虚拟模特是否参加模拟。

5. 隐藏维度线： 属性编辑视窗中可以通过勾选后面的"开"与"关"来选择是否隐藏虚拟模特的维度线。

6. 表面： 属性编辑视窗中可以调整模特表面间距、静摩擦系数、动摩擦系数。

7. 网格细分： 通过勾选后面的"开"与"关"来选择是否要打开网格细分功能。

8. 附件： 附件中又含头发、鞋子等附件，同时还可以通过资料库中的小云朵在平台下载附件。

（1）头发：在属性编辑视窗中可进行头发更改。

（2）鞋子：在属性编辑视窗中可进行鞋子更改。

9. 皮肤： 可以根据需要选择有、无穿着内衣的虚拟模特。

10. 材质： 包含皮肤、头发、鞋子等。

（1）皮肤：在属性编辑视窗中可以对身体、脸部、睫毛、泪腺、牙齿、舌头、眼球、角膜等进行编辑。

（2）头发：可在属性编辑视窗中对包围盒、发片、头发、头皮等进行更改与编辑。

（3）鞋子：可在属性编辑视窗中对鞋子材质、贴图、颜色等进行更改。

第 三 章

Style3D 建模设计案例

第一节 T恤款式建模设计

学习目标	1. 能够熟练运用Style3D对T恤款式进行建模设计与试衣操作。
	2. 通过T恤款式建模案例掌握Style3D软件版片导入、安排版片、缝纫版片、添加面料、添加图案、添加明线等操作方法。
学习任务	应用Style3D进行女式T恤款式建模，要求将T恤的2D版片导入软件中，实现T恤款式的缝纫、面料编辑、图案编辑、明线模拟等，最终达到实现T恤款式3D数字化产品设计效果。
内容分析	T恤款式属于基础款，较为简单，主要讲解在2D和3D视窗中进行导入模特、导入版片、安排版片并缝纫、添加面料、添加图案、添加明线等操作。

案例详解

1. 在电脑桌面用鼠标双击Style3D软件图标，运行软件，输入账号及密码打开软件。

2. 在场景管理视窗的"当前"栏用鼠标点击"资料库"，然后在"虚拟模特"栏中点开"女"虚拟模特文件夹。

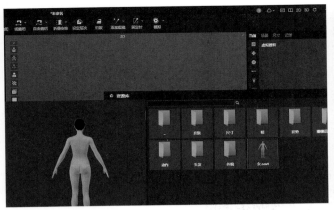
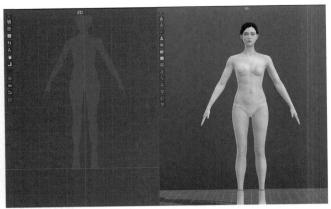

3.在"女"文件夹中点选需要的"虚拟模特"（鼠标放置在虚拟模特图标上可预览大图效果），鼠标双击"虚拟模特"图标，打开虚拟模特。弹出"打开虚拟模特文件"窗口后，点击"确定"把"虚拟模特"添加到2D与3D视窗内。

4.虚拟模特添加入2D视窗与3D视窗。

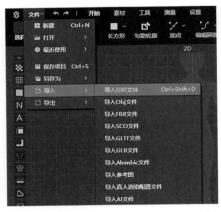
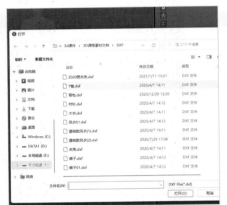

5.在菜单栏的"文件"栏中点击"导入"工具功能，图标弹出导入工具列表，然后点选"导入DXF文件"。

6.弹出文件窗口后找到"T恤"DXF文件并且进行点选，然后点击打开。

7.弹出导入窗口；根据自己的需求在选项栏点选要导入的版片信息。

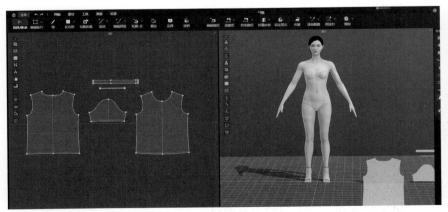
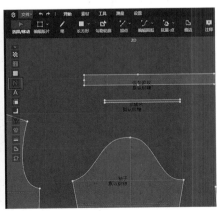

8.鼠标点击确定把版片导入2D视窗（3D视窗也会有同步显示）。

9.在2D视窗的悬浮图标工具中鼠标点击"显示版片名称"工具把版片的名称显示出来。

Style 3D
标准教程

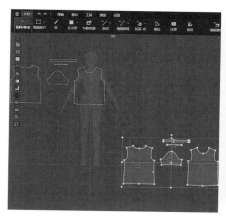
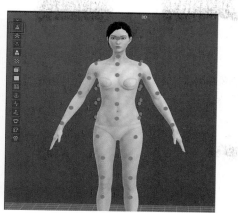

10.选择"开始"栏中的"选择/移动"工具，在2D视窗内框选或点选版片并按住鼠标拖动版片，按版片之间的缝合关系进行排列（左至右：后片至袖子至前片，上至下：领子至衣身版片）。

11.在3D视窗内鼠标点击上面"安排点"小图标使虚拟模特显示安排点。

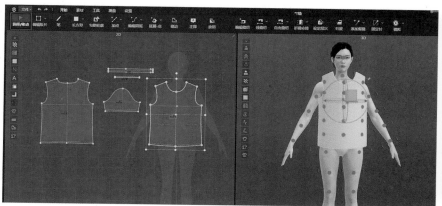
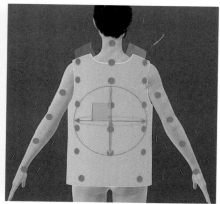

12.用"选择/移动"工具在2D视窗内点选版片（选中版片为黄色），鼠标再在3D视窗内点击虚拟模特上相应的安排点，把版片安排到虚拟模特上（在2D视窗选中的版片会显示一个黑色的坐标轴，在安排时坐标轴的中间十字交叉处对应3D视窗内虚拟模特上的安排点）。

13.在3D视窗内可通过按住鼠标右键旋转（或输入数字"8"）切换到模特背面视角，把后片安排到虚拟模特上。

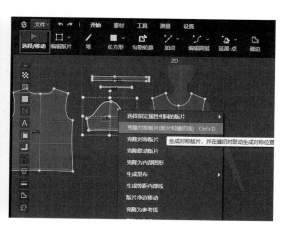

14.按住鼠标右键旋转切换到右侧视角（或输入数字"6"），然后把袖片安排到虚拟模特上。

15.同样方法把领条安排到虚拟模特颈部安排点上（把领条缝纫边安排在模特左边）。

16.在2D视窗内鼠标选择袖子版片，同时点击鼠标右键弹出工具窗口，然后点选"克隆对称版片（版片和缝纫线）"。

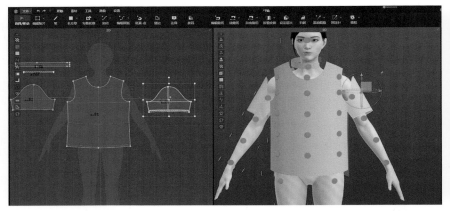

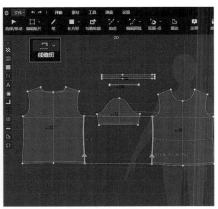

17.点选完"克隆对称版片（版片和缝纫线）后，拖动鼠标至袖子版片需要放置的位置，然后点击鼠标左键生成对称版片，即另一边的袖子对称生成。

18.在2D视窗内，点击线缝纫工具中"线缝纫"工具将版片和版片之间单段边缝合起来（注意：缝纫线方向不要交叉和颠倒）。

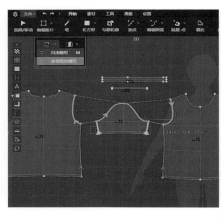

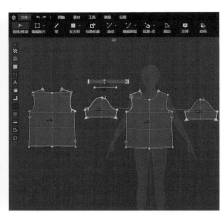

19.选择"多段自由缝纫"工具缝合袖隆，先点击开始点，再点结束点，直至选择完整条缝纫边按回车结束。同样方法完成另一缝纫边选择（注意：前袖隆边线缝合前袖山边线，后袖隆边线缝合后袖山边线）。

20.回车后检查缝线方向是否准确（同样缝纫线方向不要交叉和颠倒）。

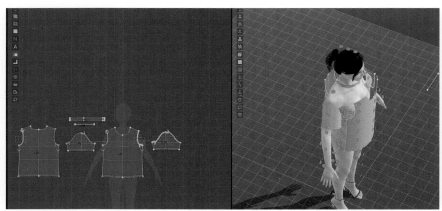

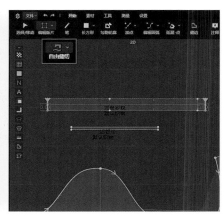

21.在3D视窗内按住鼠标右键拖动可旋转3D视窗视角，对缝纫线进行检查，查看缝纫线方向是否存在交叉和颠倒。

22.选择"自由缝纫"工具将领条两端进行缝合。

Style 3D
标准教程

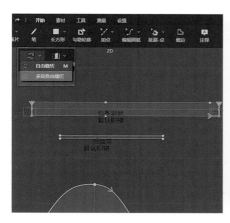 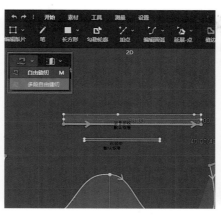 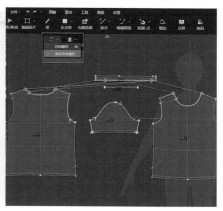

23.为模拟真实缝纫,在进行领边缝合时选用"多段自由缝纫",先选择"领条罗纹"版片后面短段。

24.选择领条版片左侧长段,操作方法仍然为先点开始点,再点结束点,整段选择完毕按回车键。

25.领条版片边缝纫线编辑完成后,编辑后片与前片领边,用"多段自由缝纫"依次选择后片与前片领边,按回车键。

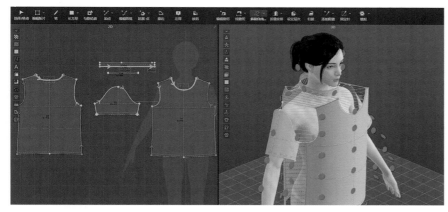

26.回车后在2D/3D视窗内检查缝线方向是否准确,是否存在交叉和颠倒。

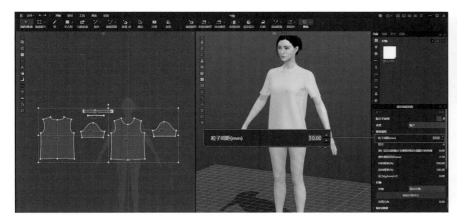 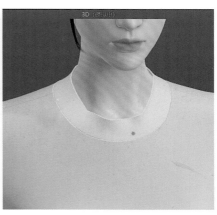

27.在菜单栏中的"开始"栏,鼠标点选"模拟"功能(或者按空格键),使3D视窗的衣服版片缝合在一起。如模拟时服装不太平整,可以调整粒子间距,即鼠标框选所有版片(或者Ctrl+A选择所有版片),在属性编辑视窗内把粒子间距数值调小(粒子间距即版片的网格三角格大小,使织物面料更接近真实面料的质感),然后再次进行"模拟",并调整服装。

28.领子为折叠两层,先对其进行折叠处理。

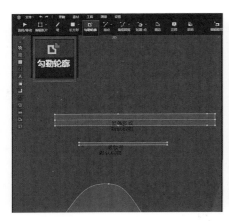

29. 在"开始"栏中选择"勾勒轮廓"工具，再在2D视窗内选中领子中间的基础线，鼠标右键点选勾勒为内部线（或者按回车键）。

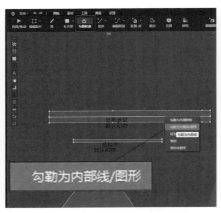

30. 把领子中间的对折线勾勒出来。

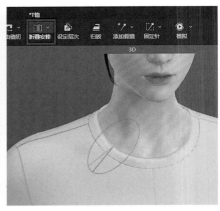

31. 在"开始"栏中选择"折叠安排"工具，鼠标在3D视窗里点击领子的内部线后选中显示的圆圈轴线进行翻转。

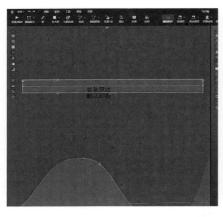

32. 领子翻折后，用"开始"栏的缝纫工具将领子上、下边线进行缝合。

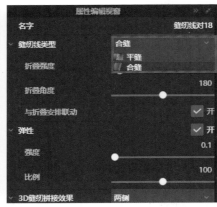

33. 同时在"属性编辑视窗"把缝纫线的类型改成"合缝"，然后进行"模拟"。

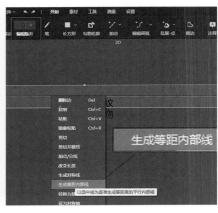

34. 为使转角更加圆顺，进行生成3个转角操作，点选"开始"栏中"编辑版片"，选择领条中间内部线击右键，即生成等距内部线。

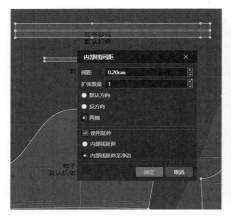

35. 弹出内部线间距调整对话框后编辑参数：内部线间距"0.2cm"、勾选"两侧"、"使用延伸"、"内部延伸至净边"。

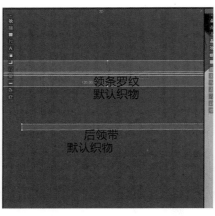

36. 修改角度操作，选择"开始"栏中"编辑版片"工具框选领条版片中3条线（或结合shift键逐个挑选）。

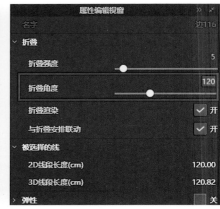

37. 同时在"属性编辑视窗"里将折叠角度改为"120"度。

Style 3D
标准教程

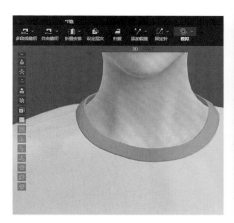

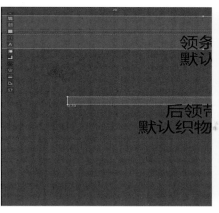

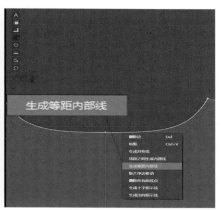

38.然后点击"模拟"键（或点击空格键）进行模拟。

39.缝合后领贴。首先查看领带的宽度，选择"编辑版片"工具点选后领带边线，测量领贴宽度为"0.7cm"。

40.用"开始"栏中"编辑版片"工具选择后领围两条线（框选2条线，或结合shift键逐个挑选进行增加），击右键后选择生成等距内部线，最后回车。

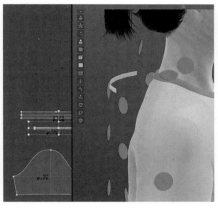

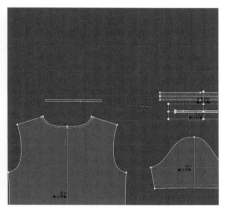

41.弹出参数调整窗口，参数值调整为：间距为"0.7cm"、扩展数量为"1"、勾选"默认方向"、"使用延伸"、"内部线延伸至净边"等。

42.先在3D视窗内打开显示安排点，然后用"选择/移动"工具在2D视窗内点选后领带版片，再在3D视窗内点选后领位置的安排点把版片安排到虚拟模特上。

43.为了方便缝合，点选"开始"栏中"选择/移动"工具，将后领带版片移动至后片上方。

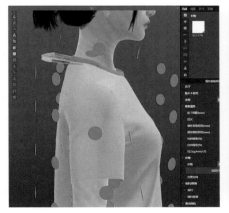

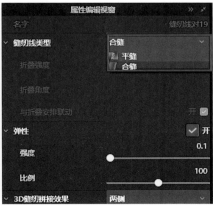

44.然后切换至"开始"栏缝纫工具，将后领带版片与后片领口内部线进行缝合。

45.同时在属性编辑视窗中将缝纫线的类型改成"合缝"。

46.后领带一般缝制在里层，因而选择后领带点击鼠标右键，再选择"移动到里面"。

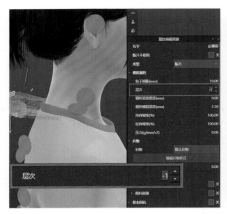

47.另一种使后领带缝制在里层的方法为：用"选择/移动"工具点选后领带版片，再在属性编辑视窗把层次设为"−1"层。

48.然后进行"模拟"。

49.为检查后领带缝制是否在里层，需隐藏虚拟模特：选择虚拟模特击右键选择"隐藏模特"。

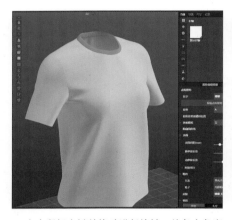

50.点击鼠标右键并拖动进行旋转，从各个角度进行检查。

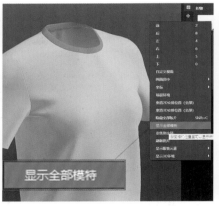

51.检查完毕后，在3D视窗空白处点击鼠标右键选择"显示全部模特"来显示被隐藏的虚拟模特。

52.待显示全部模特后再次进行全面检查与整理。

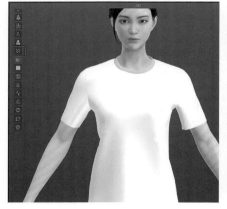

53.在3D视窗中的悬浮工具栏中打开"显示面料纹理"功能。

54.在场景管理视窗"当前"栏的织物中点击"默认织物"图标。

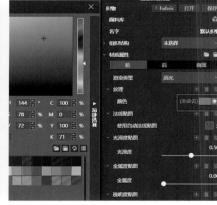

55.在属性编辑视窗的"颜色"栏，点击后面的彩球，弹出颜色窗口，更换织物颜色。

Style 3D
标准教程

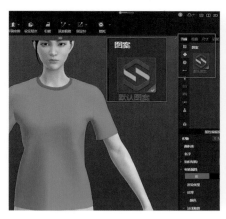 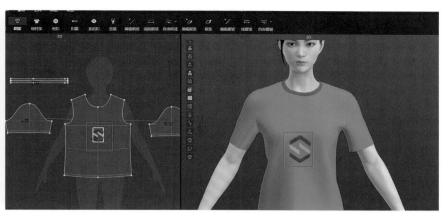

56.更换好织物颜色后如要给服装添加图案，在场景管理视窗"当前"栏中鼠标左键双击"图案"栏的"默认图案"小图标。

57.鼠标放置在2D或3D视窗内服装版片上单击，即可生成图案。

 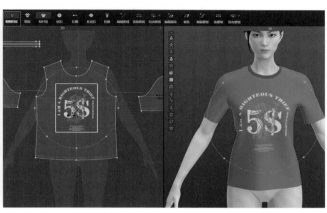

58.如要更改图案，在场景管理视窗鼠标点选"图案"栏的"默认图案"图标，然后在属性编辑视窗的"纹理"栏点击"+"，待弹出窗口后找到相应的PNG或JPG格式图案，点击"打开"，即更换或添加图案。

59.图案更改完后对图案进行编辑，点击"素材栏"中"调整图案"工具，通过图案外灰色圆圈来编辑图案大小和角度。

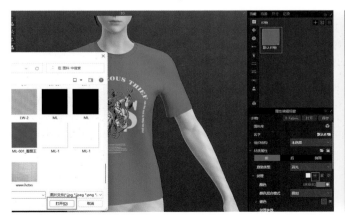 

60.给服装添加面料。在场景管理视窗鼠标点击"织物"栏的"默认织物"小图标，然后在属性编辑视窗的"纹理"栏点击"+"，待弹出文件窗口后找到需要的面料文件，点击"打开"添加面料。

61.给下摆与袖口添加明线。在场景管理视窗鼠标点选"明线"栏的"默认明线"图标。

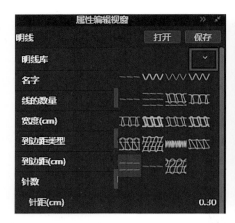
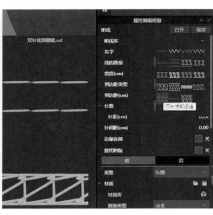

62.在属性编辑视窗点击"明线库"右侧箭头，可弹出不同类型明线样式。

63.在明线库中选择"双针底部绷缝"（同时弹出大图显示效果）。

64.在场景管理视窗鼠标点选"明线"栏的"默认明线"图标，在属性编辑视窗的"颜色"栏更换明线（前）颜色（点击彩球，弹出颜色窗口，更换颜色）。

65.在属性编辑视窗鼠标滚动下滑对明线（前）的数值进行编辑，输入针距"0.5cm"、到边距"1.5cm"（可编辑网格明线的数量、线间距、宽度、到边距离、针距等）。

66.同时在属性编辑视窗完成明线（后）的编辑。

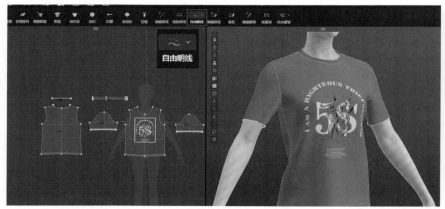

67.点选"素材"栏中"自由明线"工具，在2D/3D视窗内画出衣身前片、后片、袖口等明线工艺。

68.鼠标点选"模拟"功能进行模拟，并在3D视窗内打开"显示面料厚度"功能。

Style 3D
标准教程

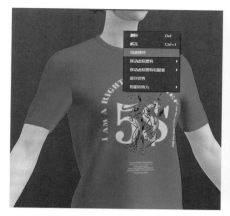

69.隐藏模特：点击虚拟模特后单击鼠标右键选择"隐藏模特"。

70.待虚拟模特隐藏后，点击鼠标右键旋转，进行各角度检查。

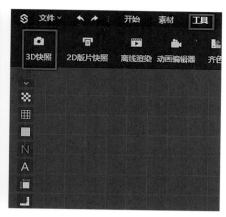

71.在"工具"栏中点选"3D快照"功能，导出3D照片或渲染图片。

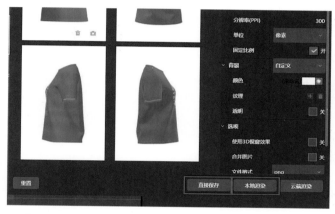

72.待对话框弹出后选择"图片"，可进行"直接保存"或"本地渲染"（本地渲染图片质量较高并可以完成特殊效果渲染，同时导出图片）。

73.女T恤建模完成后效果。

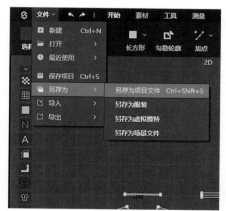

74.T恤建模完成，保存文件。点击"开始"栏中"文件"工具弹出对话框，选择"另存为项目文件"。

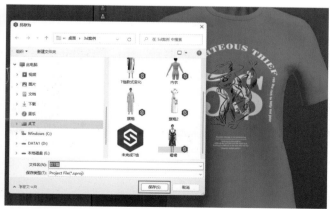

75.弹出存储路径、文件名、文件格式（保存类型格式为"sproj"）等选择对话框，更改好相关名称后点击保存。

第二节　T恤款式变化建模设计

学习目标	1. 能够熟练运用Style3D对T恤款式进行变化设计与试衣操作。 2. 通过T恤变化创新款案例熟练掌握软件工具的操作方法。
学习任务	应用Style3D对基本款女士T恤进行女裙变化建模，要求掌握软件中编辑版片、笔、勾勒轮廓、加点、编辑圆弧、延展等工具来实现T恤款式变化的3D数字化设计效果。
内容分析	本节案例主要讲解Style3D软件延长版片、腰部抽褶、切换姿势、改变裙摆长度、设计袖子、切割裙片并添加面料等操作。

 案例详解

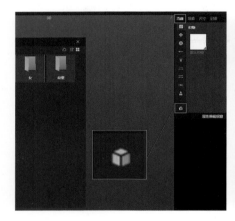

1.在电脑桌面鼠标双击Style3D软件图标，输入账号和密码打开软件。在场景管理视窗的"当前"栏鼠标点击"资源库"，进入"资源库"后，在"模特"栏中点选"女"虚拟模特文件夹。

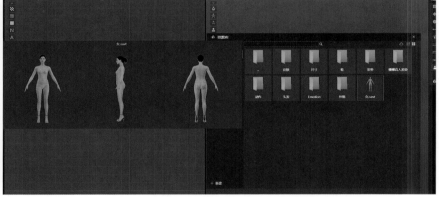

2.待打开"女"虚拟模特文件夹后会显示许多模特相关素材，把鼠标放在"女.savt"文件上，会显示所选虚拟模特的"正、侧、背"三个视角，然后双击鼠标左键。

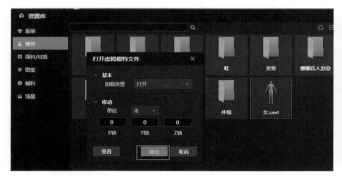

3.界面弹出窗口后，点击"确定"把"虚拟模特"添加到2D/3D视窗里面。

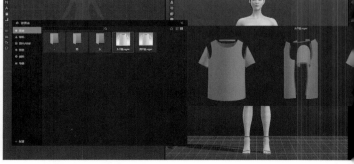

4.女性虚拟模特添加好后，可以打开软件自带的基础款式。操作方法为在"资料库"中鼠标点击"服装"栏，找到"女T恤"，同样，把鼠标放置"女.sgav"文件上，会显示所选服装的"正、侧、背"三个视角，然后双击鼠标左键。

Style3D
标准教程

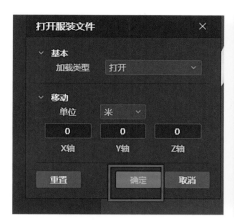

5.弹出"打开服装文件"后点击确认,在软件中打开。

6.待所有操作完成后,软件中呈现已经编辑好缝纫的"女T恤"款式。

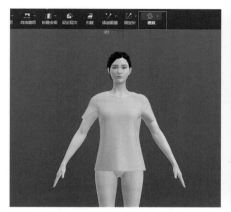

7.点选"模拟"功能进行模拟,并通过拉扯来调整服装。

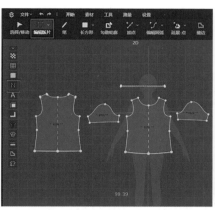

8.选择"开始"栏中的"编辑版片"工具,从左至右框选前、后版片下摆线(注意:左至右框选为选点,但两点之间的线也会选中,右至左框选为选线,但两条线段中的点也会选中)。

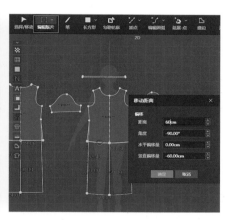

9.框选后按住鼠标左键拖动可将下摆边线拉长,按住Shift键可以垂直拉长。在拖动过程鼠标左键不松按右键,弹出移动距离对话框,输入边线移动的间距"60cm"。

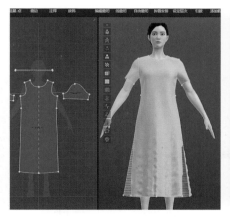

10.在2D窗视窗调整版片的同时3D视窗将同步进行显示。

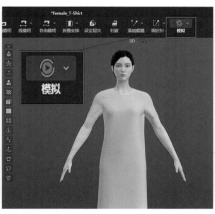

11.衣服加长后点击"模拟"按钮进行模拟,并通过拉扯把服装调整平整。

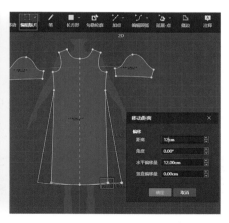

12.调整下摆宽度:选用"编辑版片"工具,点击下摆侧边角点按住鼠标左键向外进行拖动(拖动过程按住Shift键可以平行拖动),在左键没松开前按右键弹出对话框,编辑移动间距数值"12cm",点击确定,左右两边同时加大"12cm"。

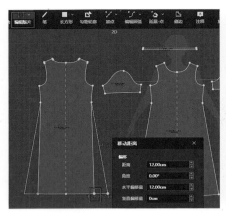

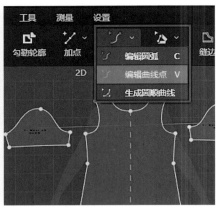

13.用同样操作方法完成后片下摆边角调整，移动间距数值仍为"12cm"。

14.调整完四个下摆侧角后，进行"模拟"，然后调整服装的整体形态。

15.调整后片下摆弧度。在"开始"栏中点开"编辑圆弧"选择"编辑曲线点"工具。

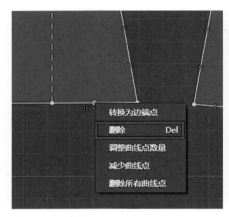

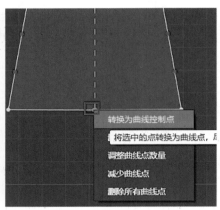

16.为了调整更加平顺，鼠标框选后片下摆边线中点以外的点，击右键选择删除功能删除点（或按Delete键删除点）。

17.鼠标点击后片下摆边线中点击右键，选择转换为曲线控制点。

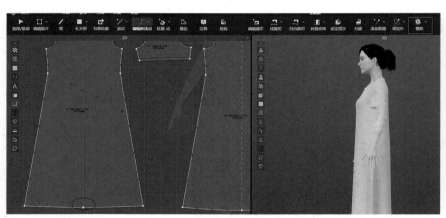

18.鼠标左键拖动后片下摆曲线点，调整下摆边线。调整完后，进行"模拟"然后检查下摆。

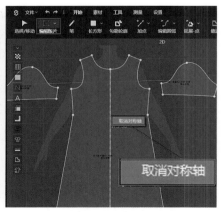

19."开始"栏中选择"编辑版片"工具，选择前片对称轴，点击鼠标右键点选"取消对称轴"来取消前片中的对称轴。

Style 3D
标准教程

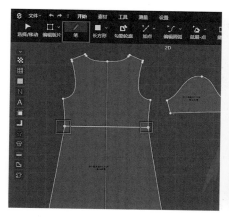
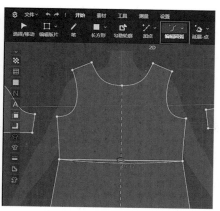

20.制作腰线。选择"开始"栏中的"笔"工具绘制腰节线条（操作方法为：先点击起始点再双击终点）。同时完成前、后片腰线的制作。

21.在"开始"栏中选择"编辑圆弧"工具选择前片腰线，鼠标按紧拖动，把直线腰线编辑成曲线。

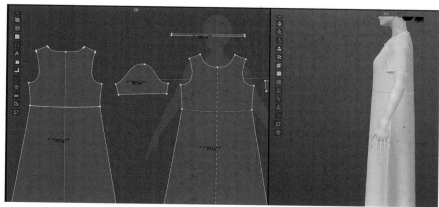
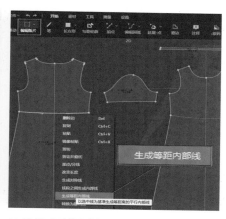

22.同样方法完成后片腰线圆弧编辑。

23.选用"开始"栏的"编辑版片"工具，选择腰线点击右键，弹出对话框后选择"生成等距内部线"。

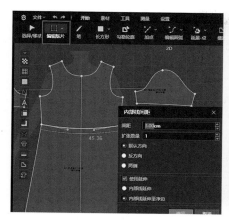
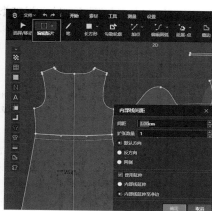
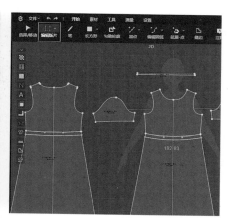

24.选择生成等距内部线即弹出参数调整对话框，改间距为"3cm"同时勾选"反方向"、"使用延伸"、"内部线延伸至净边"。

25.同样方法完成后片腰线编辑。

26.选用"编辑版片"工具，按住Shift键框选前后版片的4条腰节内部线。

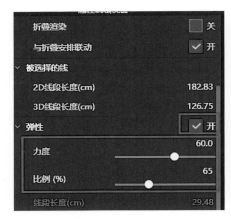

27. 在属性编辑视窗的"弹性"栏，鼠标点选"开"，然后设置弹性参数："力度"为"60"，"比例"为"65"。

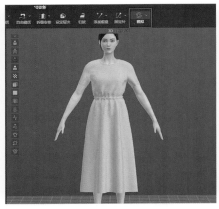

28. 弹性编辑好后进行"模拟"。

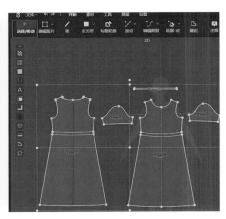

29. 选用"选择/移动"工具，框选所有版片（或者Ctrl+A选择所有版片）。

30. 在属性编辑视窗内把粒子间距数值调小（粒子间距即版片的网格三角格大小，使织物面料更接近真实面料的质感），即将"粒子间距"改为"6"。

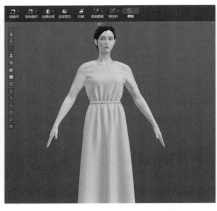

31. 然后进行"模拟"，并调整服装。

32. 整体服装调整后，腰节收褶不够细腻，需调整版片网格，先在3D视窗打开"面料网格"。

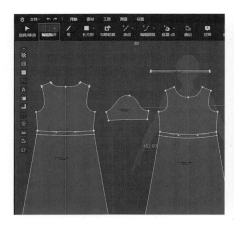

33. 选用"编辑版片"工具点选前、后腰的内部线。

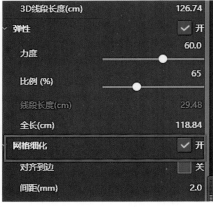

34. 再在属性编辑视窗"网格细化"栏鼠标点选"开"，编辑细化的数值按回车确定。

35. 在3D视窗可以看到腰部网格已经细化。

Style 3D
标准教程

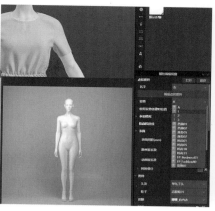

36. 在3D视窗中关闭"面料网格",再进行"模拟"调整腰节褶皱。

37. 调整完后,在3D视窗鼠标点选虚拟模特,同时在属性编辑视窗"编辑虚拟模特"的姿势中选择"I"姿势进行模拟。

38. 通过属性编辑视窗的"姿势"栏更换虚拟模特的姿势,会让虚拟模特把手臂缓缓放下来(需在模拟状态下完成)。

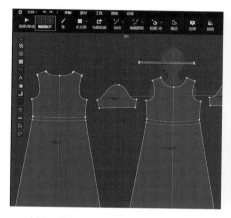

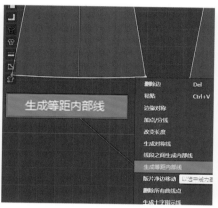

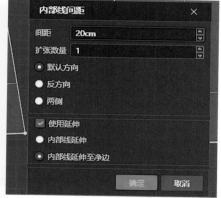

39. 选择"编辑版片"工具,鼠标(按住Shift键多选)点选前、后版片的下摆边线。

40. 选择后按鼠标右键弹出功能窗口选择"生成等距内部线"。

41. 弹出内部线间距数值窗口输入间距数值"20cm",并勾选"内部线延伸至净边"确定生成内部线。

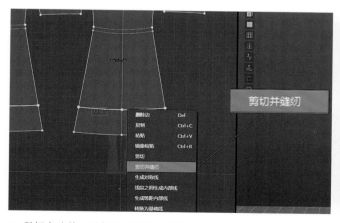

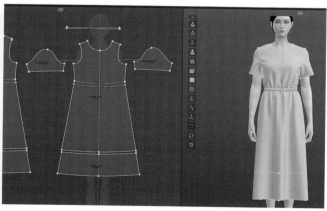

42. 鼠标点选前、后版片下摆的内部线点击右键弹出功能窗口,选择"剪切并缝纫"。

43. 版片在2D视窗以剪开的形式呈现,在3D视窗以剪开并缝合的形式呈现。

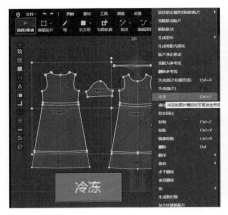

44.选择"选择/移动"工具,在2D视窗内框选衣服除前、后下摆版片外所有的版片,并按鼠标右键弹出功能窗口,选择"冷冻"功能。

45.选择"编辑版片"工具,点选后片下摆版片,通过点击版片外的田字格两边线的中间点并按住左键拖动可拉长,拖动过程中点击右键可以输入偏移距离"20cm",调整好前、后片下摆后,点击"模拟"。

46.3D视窗查看模拟后效果,冷冻后的版片在"模拟"状态下被固定,无法对其进行操作。

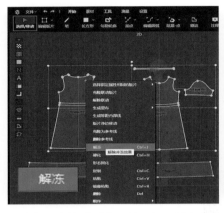
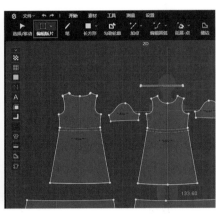

47.选择"选择/移动"工具,在2D视窗内框选除前、后下摆版片外所有的版片,并按鼠标右键弹出功能窗口,选择"解冻"功能。

48.为使下摆褶子效果更好,选用"编辑版片"工具选择服装下摆线。

49.同时在属性编辑视窗中勾选"弹性",把比例改成"100",力度改成"50"。

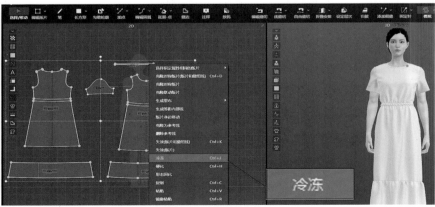

50.调整完成后,进行"模拟"并查看整体效果。

51.对袖子版片进行变化调整。为使在调整的过程中更方便,选择"选择/移动"工具,在2D视窗内框选除左、右袖子版片外所有的版片,并按鼠标右键弹出功能窗口,选择"冷冻"功能。

Style 3D
标准教程

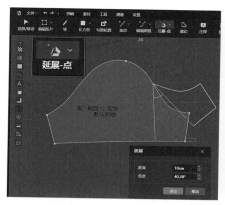

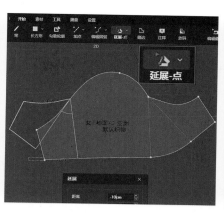

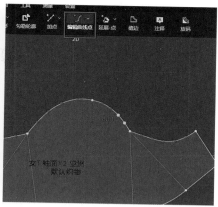

52. 在"开始"栏中选择"延展—点"工具，在2D视窗里对袖片版片进行延展，鼠标点先击旋转点再点击展开边线的延展点，鼠标放置到需要延展的面按住鼠标进行拖动延展，拖动过程鼠标左键不松开击右键可以输入需要延展的数值（距离"10"）。

53. 用同样方法对袖片另一侧进行延展，延展的距离仍然为"10"。

54. 袖子版片延展出来后袖山的边线会变得不圆顺，鼠标点选"开始"栏中的"编辑曲线点"工具。先选择不需要的点进行删除。

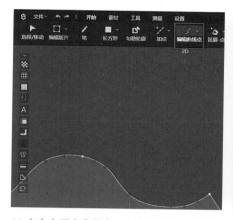

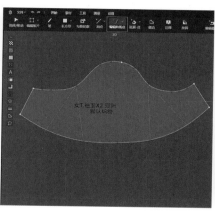

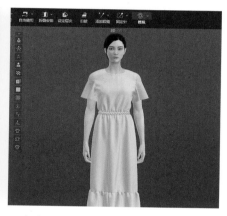

55. 点击主要变曲的点，点击右键选择"转换为曲线控制点"，对袖子版片的袖山边线和袖口边线进行圆顺调整。

56. 同样方法对袖口边线进行圆顺调整。

57. 版片的袖山边线和袖口边线调整圆顺后再进行"模拟"，并拉扯平整。

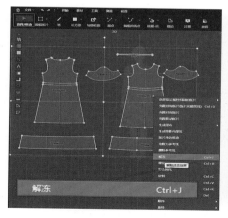

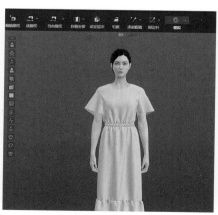

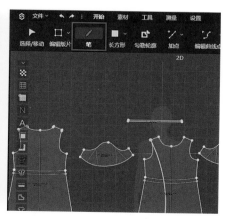

58. 选择"选择/移动"工具，在2D视窗内框选除左、右袖子版片外所有的版片并按鼠标右键弹出功能窗口，选择"解冻"功能。

59. 再次"模拟"，并将服装拉扯平整。

60. 选择"笔"工具，在2D或3D视窗里画出服装版片内部线（按住Ctrl键可以画曲线，在3D视窗可以旋转视角连续在整件衣服上画内部线，单击起点双击终点）。

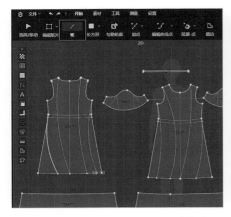

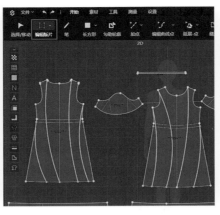

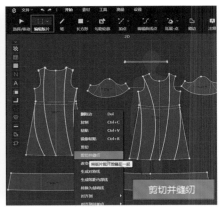

61. 用"笔"工具画好前、后版片的内部线。

62. 选择"编辑版片"工具,点选所有的内部线。

63. 点选好所有的内部线后,再按鼠标右键对内部线进行"剪切并缝纫",把服装进行分割并缝合。

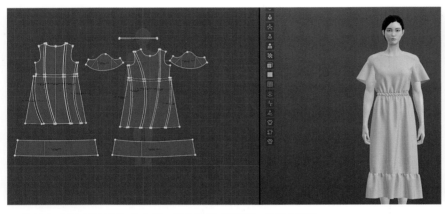

64. 执行完"剪切并缝纫"命令后,再次进行"模拟",并调整服装。

65. 在3D视窗中的悬浮工具栏中打开"显示面料纹理"功能。

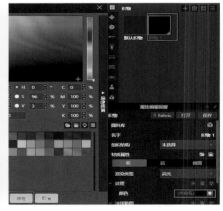

66. 在场景管理视窗中的"织物"中点选"默认织物",同时在属性编辑视窗中点击"颜色"后的彩球,待弹出选色框后,进行选色,最后点击确认。

67. 添加织物。在场景管理视窗中的"织物"栏鼠标点击"+"添加新的织物。

68. 添加完新的织物后,并在属性编辑视窗的"纹理"栏添加面料纹理,并点击纹理栏中颜色后的颜色选择球,修改颜色。

Style 3D
标准教程

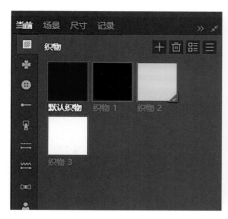

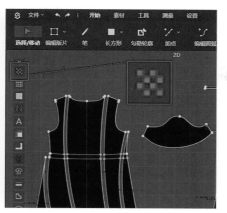

69. 同样方法完成其他织物的添加与色彩修改。

70. 在2D版片视窗中的悬浮工具栏中打开"显示面料纹理"功能。

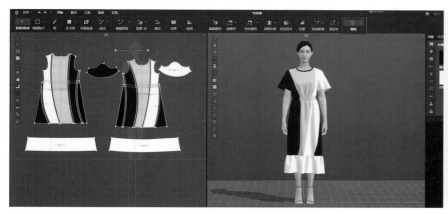

71. 鼠标放在织物图标上按住左键并拖动到2D/3D视窗的版片内再松开,可以更换版片面料,再进行模拟。

72. 给下摆与袖口添加明线。在场景管理视窗鼠标点选"明线"栏的"默认明线"图标。

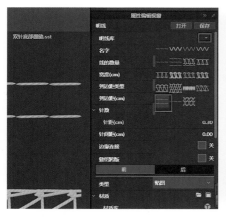

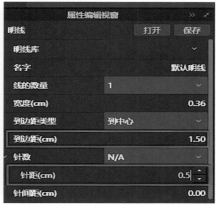

73. 在属性编辑视窗点击"明线库"右侧箭头,在明线库中选择"双针底部绷缝"。

74. 在属性编辑视窗输入针距"0.5cm"、到边距"1.5cm"(同时还可编辑网格棉、线的数量、线间距、宽度、到边距离、针距等)。

75.在菜单栏中鼠标点选"素材"栏的"自由明线"工具，在2D/3D视窗内画出裙下摆与袖口等明线工艺，然后模拟。

76.调整完后，点击"开始"栏中"文件"工具弹出对话框，选择"另存为项目文件"。

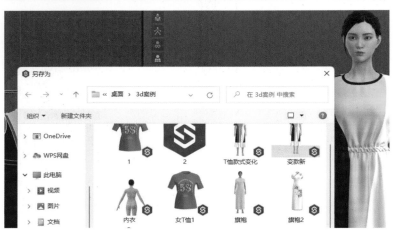

77.弹出存储路径、文件名、文件格式等选择对话框，更改好相关名称后点击保存。

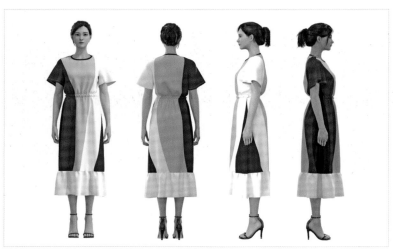

78.渲染完成后的成衣效果。

Style 3D
标准教程

第三节　牛仔裤款式建模设计

学习目标　1. 熟练运用Style3D软件工具进行牛仔裤建模设计及模拟试衣。
2. 掌握Style3D软件牛仔裤款式建模的流程与操作方法，如版片导入、组合搭配款、调整款式、安排版片与缝纫、添加面料、明线等。熟悉牛仔裤款式结构与操作技巧，包括版片裤子缝合、安装腰头、门襟、拉链、系扣子、耳仔襻等操作技巧。

学习任务　应用Style3D绘制出牛仔裤款式的建模，在原有上衣款式文件的基础上，将牛仔裤的2D版片导入，掌握实现款式添加和调整的方法。掌握牛仔裤3D款式的版片排列与整理、工艺缝纫、材质的填充以实现牛仔裤款式3D数字化产品设计的效果。

内容分析　牛仔裤款式属于下装基础款，要注意门襟叠搭结构、拉链的添加与参数调整，牛仔裤的特征主要在于明缉线的设置，不同结构和部位明缉线亦不同，要多尝试明缉线参数变化带来的外观差异。

 案例详解

1. 在电脑桌面鼠标点击Style3D软件图标，运行软件。

2. 输入账号和密码打开软件。

3. 从场景管理视窗的"当前"栏显示的素材库，选择"虚拟模特"。并前往资源库添加虚拟模特。

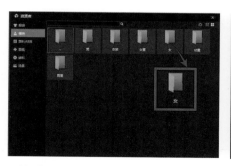

4. 弹出资源库面板，选择女性虚拟模特文件夹。

5. 选择一个女性虚拟模特样本，弹出打开虚拟模特文件选框，基本加载类型选择打开，点击确定按钮。

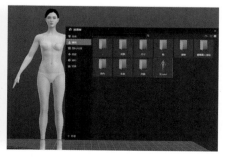

6. 打开虚拟模特样本后，资源库面板仍然显示，可以根据资源库提供的皮肤、鞋、姿势、动作、头发、外貌等素材编辑所需要的虚拟模特外观样式。

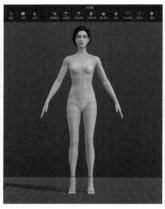

7.选择头发文件夹,显示资源库提供的头发样式,选择其中一款。

8.按照系统提供的资源素材组建立个性化的虚拟模特外观样式。做好制作款式前的准备工作。

9.本次案例是制作牛仔裤,可先打开一个与牛仔裤搭配的上衣款式文件。

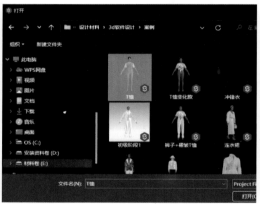

10.弹出窗口点击保存,这里的保存是当前文件的保存,加入其他款式文件前的保存动作。

11.选择一个可搭配牛仔裤的上衣款式。

12.弹出窗口,打开项目文件,选择"添加",加载对象勾选"服装"。

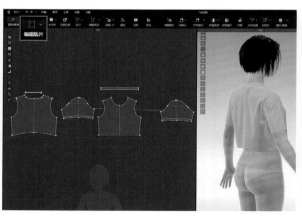

13.选择的上衣款式添加到当前文件中,穿着在虚拟模特的身上。

14.牛仔裤需要制作的范围在腰部以下。适当调整上衣的长度,在2D视窗中运用编辑版片工具修改衣长,调整下摆形状,直到下摆平整圆顺。

15.导入裤子版片,选择文件下拉菜单中的"导入",导入DXF文件。

Style 3D
标准教程

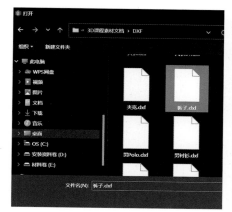

16.选择裤子版型的DXF文件。

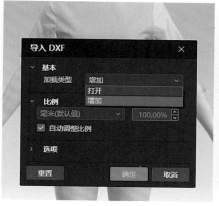

17.由于在制作环节中已完成了模特及上衣的选择，需要添加裤子版型，因此弹出的导入DXF窗口中基本加载类型选择"增加"，然后点击确定。

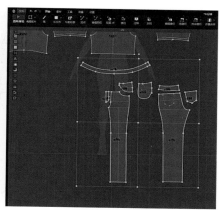

18.在2D视窗显示裤子的版型。

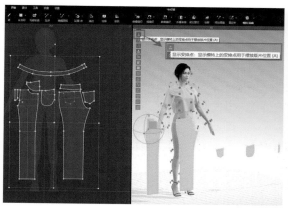

19.调整2D和3D视窗中的裤子版片位置，点击显示模特安排点，准备放置裤片。

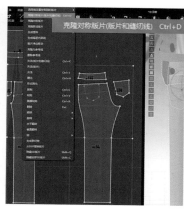

20.分析版片，克隆对称版片（版片和缝纫线）。

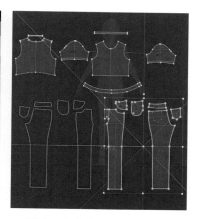

21.调整2D视窗中的裤子版片，检查版片结构。

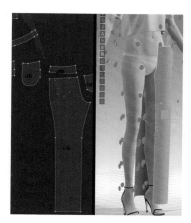

22.选择前片，安排前片版片至对应人体安排点。

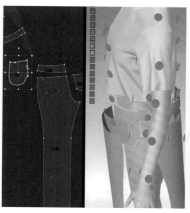

23.用版片坐标调整位置，安排前片版片层次，分别按序摆放前片版片、前袋贴版片和前袋布版片。

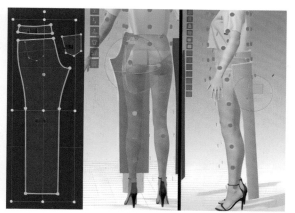

24.安排裤子后片版片至人体对应安排点。

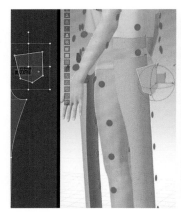 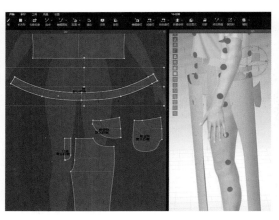 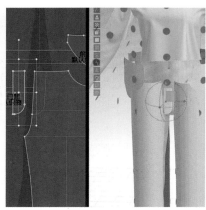

25.安排后片口袋位置，用世界坐标调整位置。 | 26.安排腰头版片位置，用世界坐标调整位置及角度。 | 27.安排门襟版片位置。

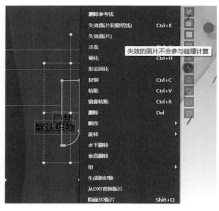 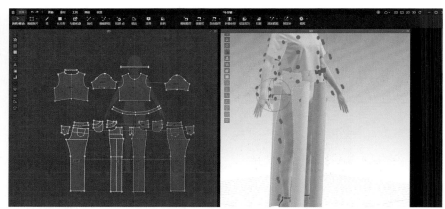

28.门襟版片设置"失效"，暂时不进行缝纫。 | 29.检查版片与人体安排点位置关系，确认版片之间的前后空间关系。

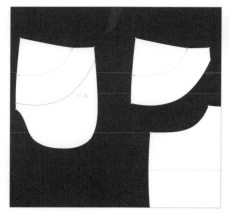 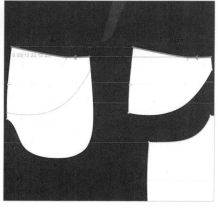

30.前袋贴版片和前袋布版片的缝合线，用"勾勒轮廓"工具进行选择，选中需要对应缝合的内部线，按回车键进行勾勒。 | 31.运用"自由缝纫"工具，将前袋贴版片和前袋布版片进行缝合，缝线类型选择"合缝"。

Style3D
标准教程

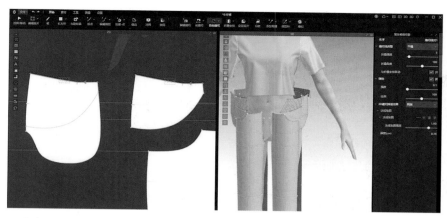

32.缝合过程可将2D和3D视窗并列观察，确认缝纫线的方向及版片的缝合关系，从二维和三维的角度形成缝纫的立体思维概念，注意缝合的方向要保持一致。

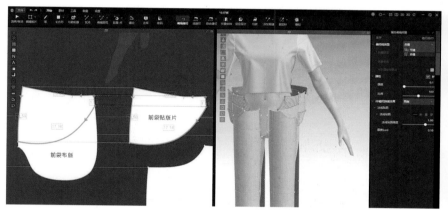

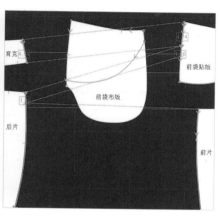

33.通过2D视窗将前袋贴版片与前袋布版片对应的结构线进行缝合，从3D视窗中检查缝合线的对接关系是否正确，运用"编辑缝纫"工具选择缝纫线，将属性编辑视窗中的缝纫线类型改成"合缝"。

34.注意前片、前袋贴版片、前袋布版片、后片和育克之间的缝纫关系，缝纫多段轮廓线时按住快捷键"Shift"进行连续缝纫，面料多层缝纫时可重叠缝纫，缝纫类型设置为"合缝"。

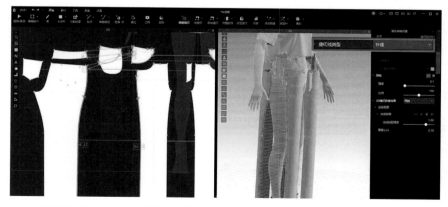

35.根据裤型版型结构，将各版片进行缝纫，可以在2D与3D视窗对比核查缝纫线。

36.图示为腰头缝纫的整体关系。

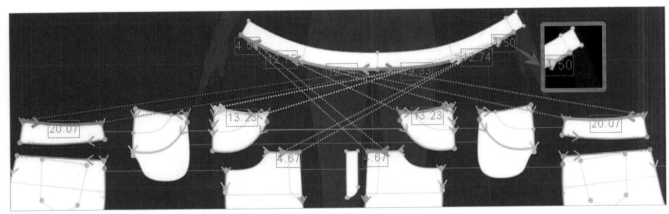

37.图示为腰头与育克、前袋贴版片、前袋布版片的缝纫关系，注意左右方向，要核查3D视窗的左右方向，确认后再进行缝纫。缝纫时涉及到多段缝合，同时要找准腰头的起始位，需间隔开腰头和门襟的重合叠搭部分。反复检查缝纫线的准确度，确认后可以按空格键，尝试进行模拟缝纫效果。

38.模拟缝纫效果，前袋布会呈现不平整的效果，可选中前片，点击右键选择"隐藏3D版片"（Shift+Q）。

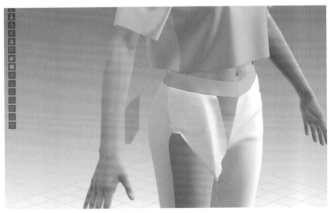

39.隐藏前片后，可直接模拟调整前袋布，调整至平整。

Style 3D
标准教程

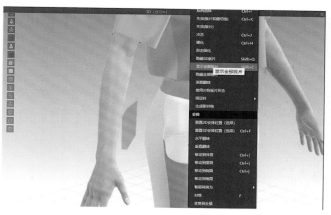

40.前袋布调整平整后，点击右键显示全部版片或快捷键"Shift+C"。　41.调整平整后的效果。

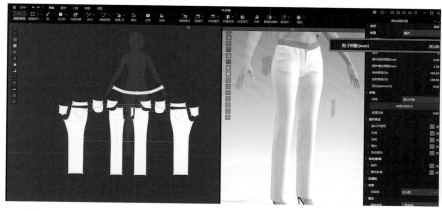

42.完成基本版片的缝纫后，把裤子的版片选中，将粒子间距调整到5-10之间，再进行模拟。检查2D和3D视窗，观察剩余零部件版片的情况，目前门襟和后口袋版片是失效状态，呈现粉紫色状态，未进行制作。

43.选择门襟版片，点击右键激活失效版片，快捷键"Ctrl+K"。

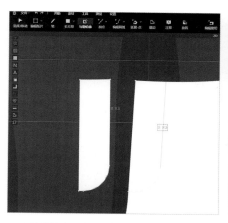
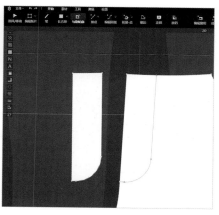

44.在前片版片上采用"勾勒轮廓"工具，选择门襟轮廓线，按回车键勾勒。

45.勾勒门襟轮廓线后即可将门襟版片与前片进行缝合。

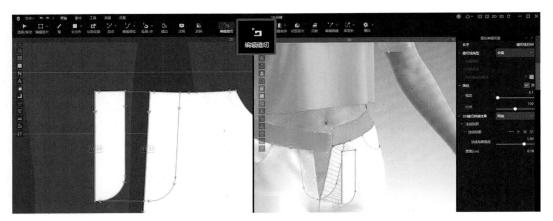

46.运用自由缝纫工具将门襟与前片门襟轮廓线进行缝合，缝合线类型选择"合缝"。

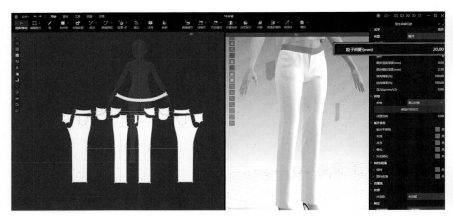

47.将门襟版片选中，点击右键，选择"移动到里面"，快捷键"Ctrl+]"，按空格键进行模拟，门襟就缝合到前片版片的内侧。接下来做里襟缝合。

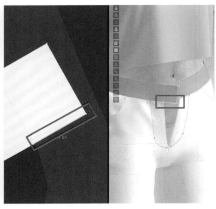

48.里襟的尺寸量取。选择腰头叠门宽度为3cm。

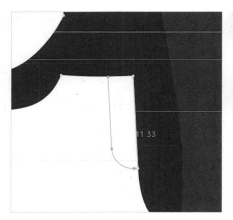

49.选择门襟区域边缘，显示门襟的长度为11.33cm。

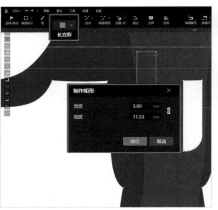

50.绘画里襟版片，选择"长方形"工具，在工作界面点击右键弹出制作矩形工具框，填写数值。

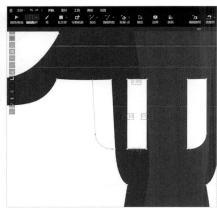

51.确定后生成3×11.33cm的长方形里襟版片。

Style3D
标准教程

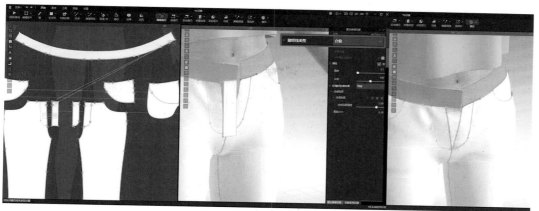

52.将长方形里襟裁片与腰头叠门、里襟缝合边缘进行"合缝",按空格键进行模拟效果。

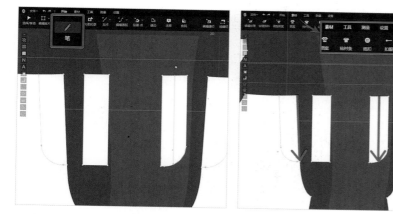
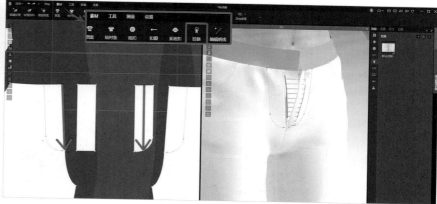

53.制作门襟拉链。在门襟版片中心位置,用"笔"工具绘画一根垂直线即拉链位置。

54.选择素材菜单中的"拉链",在图例红色缝纫线方向进行拉链的安置,双击结束拉链长度。

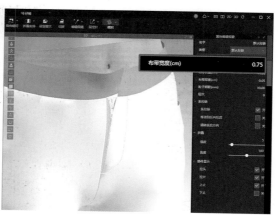

55.模拟拉链效果,放大拉链部分,可以看到拉链是反向状态,选择拉链点击右键"表面翻转"。

56.拉链调整之后,拉链就翻转成正面效果,接下来即可调整拉链的布带宽度等相关数据,关键在于拉链与门襟叠加的平整度。

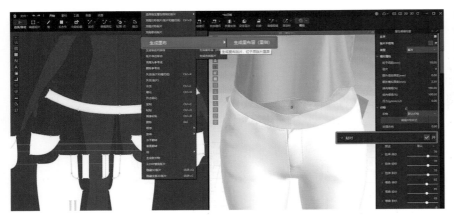

57.完成拉链模拟效果后，观察腰头效果，在初步缝合步骤中腰头仅单层版片，需要调整腰头版片层数，选择腰头版片点击右键选择"生成里布（里侧）"，同时在属性栏给腰头版片选择"粘衬"，增加腰头体感。

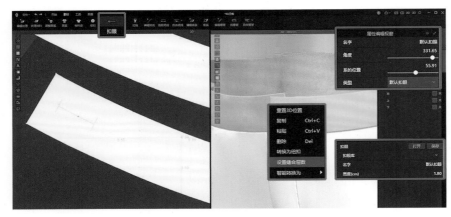

58.添加腰头扣眼。选择素材菜单栏中的"扣眼"工具，在2D视窗腰头版片扣眼部位单击，在属性编辑视窗中调整扣眼的宽度、位置与角度。腰头是双层面料，在2D或3D视窗中选择扣眼，点击右键选择"设置缝合层数"。

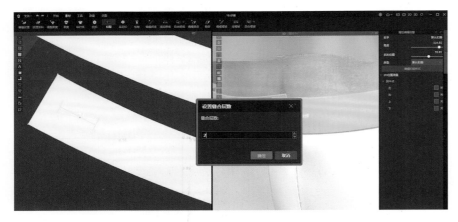

59.弹出设置缝合层数，设定缝合层数，腰头是2层，输入数值2。

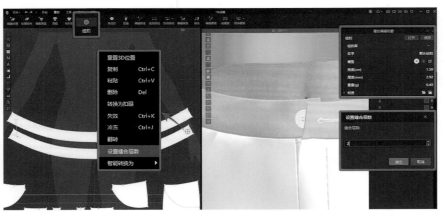

60.设置腰头扣子的位置。在2D视窗腰头版片中找到扣子的位置，用素材菜单中的"纽扣"单击生成扣子。在属性编辑视窗中编辑扣子的宽度等相关信息，注意扣子与扣眼尺寸的对应关系。2D或3D视窗中选择扣子，点击右键选择"设置缝合层数"，设置缝合层数2。

Style 3D
标准教程

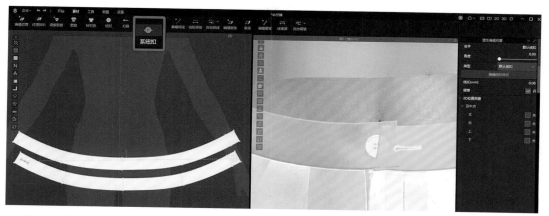

61. 系扣子。在2D视窗中，腰头版片找到扣子与扣眼的位置，运用素材菜单中的系纽扣工具，单击选择扣子，向扣眼位置进行拖放。

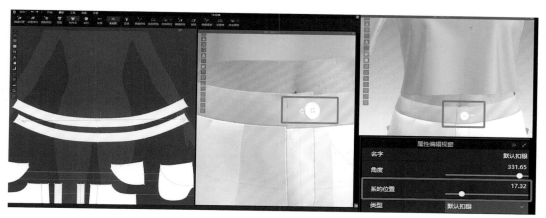

62. 调整系扣位置，在系纽扣工具状态下，属性编辑视窗中的系的位置调整扣子在扣眼宽度内的左右位置。

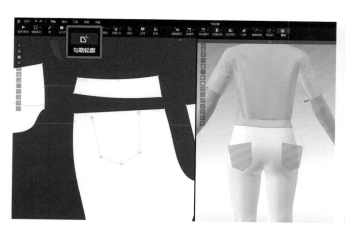

63. 勾勒后片口袋轮廓线。用勾勒轮廓工具，选择口袋轮廓，按回车键勾勒。

64. 后片口袋缝纫。运用自由缝纫工具将后片口袋轮廓线与口袋布合缝。

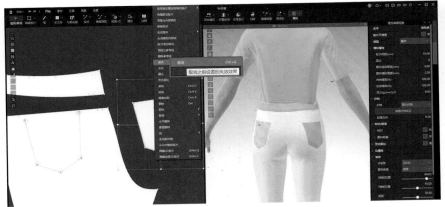
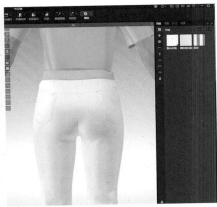

65. 将后口袋版片激活，选中版片点击右键"激活"，快捷键"Ctrl+K"。

66. 按空格键模拟效果。

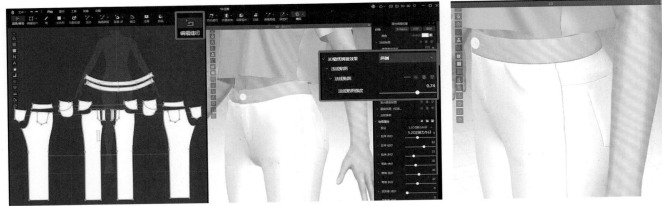

67. 调整裤子缝纫法线的粗细关系，选择编辑缝纫工具，框选2D视窗的所有裤子版片，属性 编辑视窗找到"3D缝纫拼接效果"中的"法线贴图"调整强度。

68. 按空格键模拟效果。

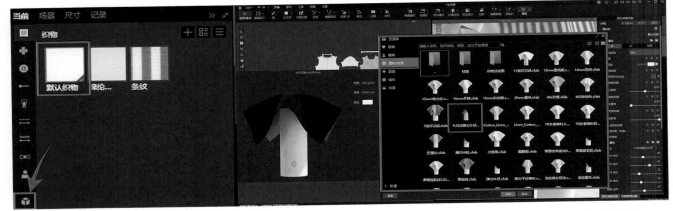

69. 选择裤子面料属性，在场景管理视窗中找到资源库，左键点击，弹出资源库面板，在面料/材质面板中找到适合的牛仔裤面料，如"9.5OZ 弹力牛仔"。

Style 3D
标准教程

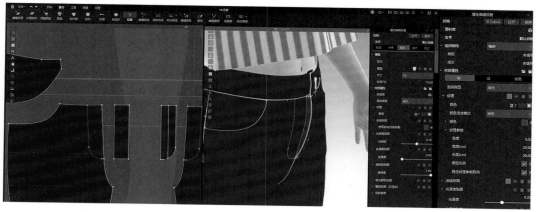

70.通过属性编辑视窗设置面料的材质属性、纹理、物理属性等。

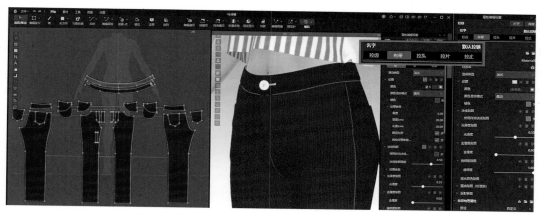

71.确定裤子的颜色之后，同步调整裤子门襟拉链拉齿、布带、拉链头的颜色。

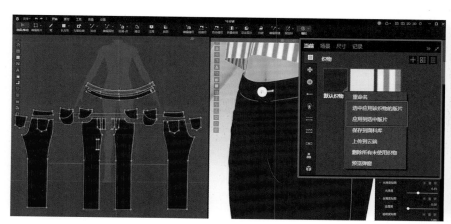

72.将设置的面料应用到整个裤子版片当中。

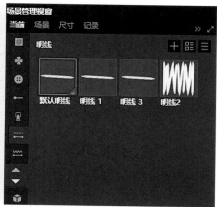

73.在场景管理视窗中设置明缉线样式。

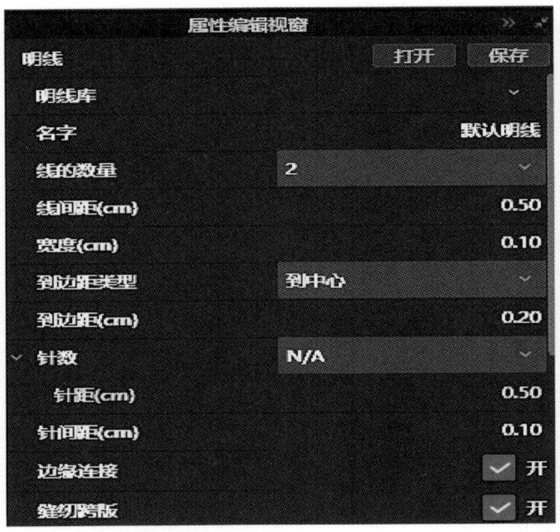

74. 设置明缉线样式，包括数量、线间距、线宽度、到边距、针距等。

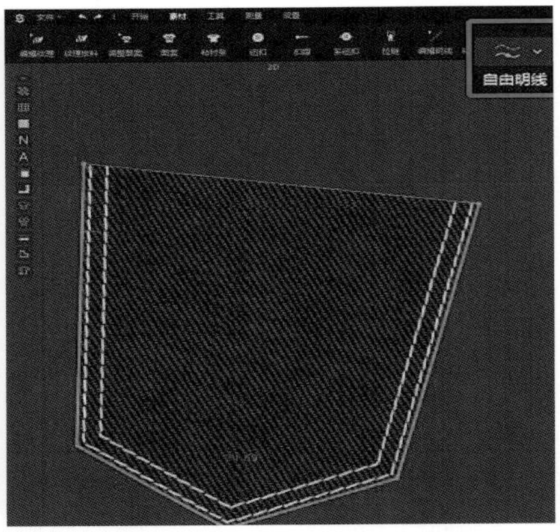

75. 素材菜单中选择自由明缉线，单击自由明缉线起始点，顺延明缉线的方向设置结束位置，单击结束。

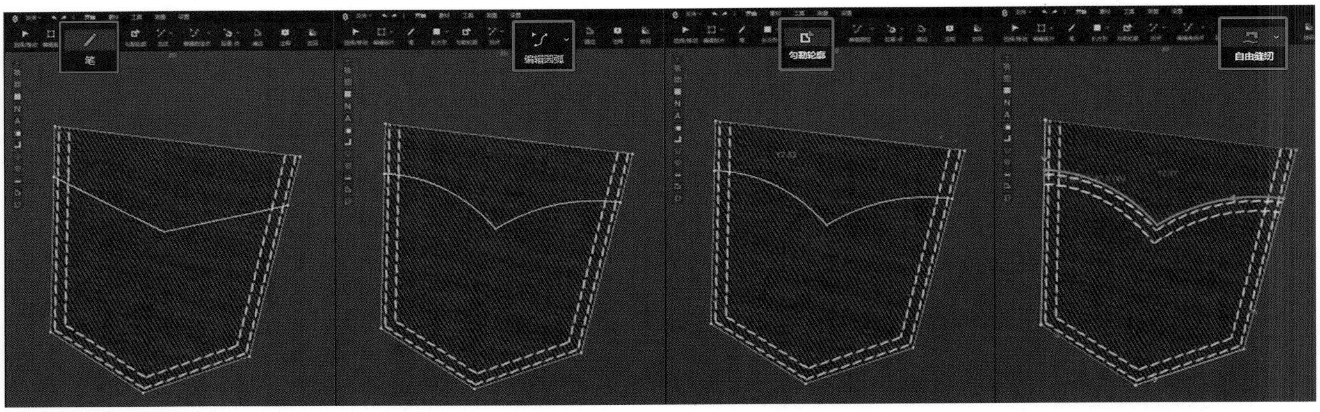

76. 后片袋面明缉线制作，在2D版面中选择口袋版片，用笔工具在版片内部绘画明缉线的基本线，运用编辑圆弧工具，将基本线调整为弧线，选择素材面板中的“自由明线”，单击明缉线起始位，鼠标顺势走到明缉线末尾双击结束。

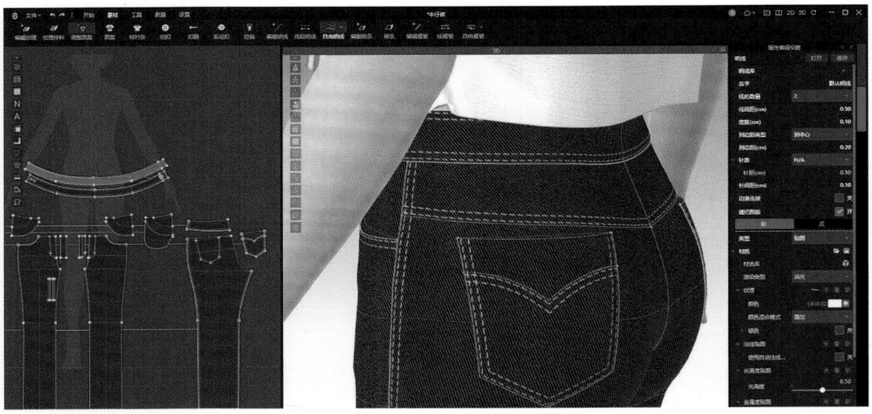

77. 根据明缉线的操作原理，按照版型结构，运用自由明缉线工具进行操作，将双明缉线的部分都勾勒出来。

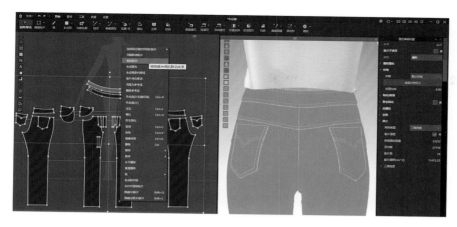

78.前后浪明缉线。若版片在联动状态下会造成左右片同时缉线，应单击右键"解除联动"。

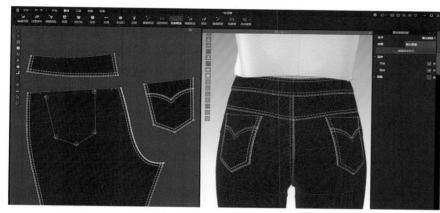

79.在素材菜单中选择"自由明缉线"工具，勾勒前、后浪及育克拼接处的明缉线。

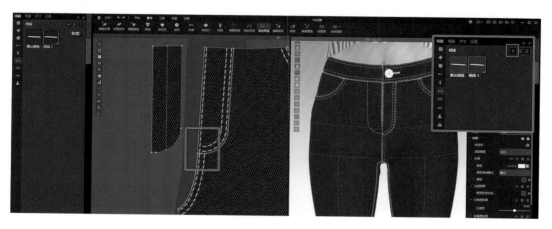

80.门襟明缉线。门襟弧度勾勒方法同前，门襟止口线是缉单线，因此需要添加明线类型，在场景管理视窗中明线面板"+"添加明线1，在属性编辑视窗中设置单线数据，除线的数量1以外，其他线条的数据设置与双线是一致，注意"到边距"与前浪双线的到边距衔接。

81.门襟套结。在场景管理视窗中的明线面板"+"添加明线2，套结的线迹设置需要在属性编辑视窗中的明线"纹理"点击"+"，打开软件样本文件，选择套结明缉线纹理。

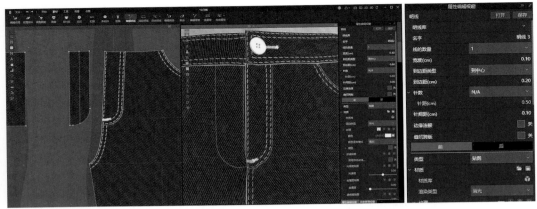

82.选择素材菜单"自由明线"工具，在门襟的内部线上自由勾选所需的长度，单击起始，双击结束线段，在属性编辑视窗中设置套结的属性，包括宽度、到边距、针距，可根据实际情况或设计喜好调整。

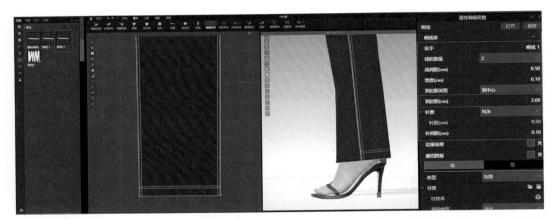

83.脚口明缉线。新增明缉线样式，在属性编辑视窗设置脚口明缉线，牛仔裤脚口明缉线通常双线，到边距离设置为2cm，或根据设计效果而定。

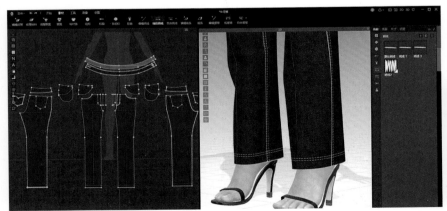

84.根据2D视窗裤身版片勾勒脚口明缉线。

85.制作牛仔裤耳仔襻。在2D视窗用"长方形"工具，工作窗口单击左键，弹出"制作矩形"窗口设置耳仔襻的尺寸为1.5×5cm。

Style 3D
标准教程

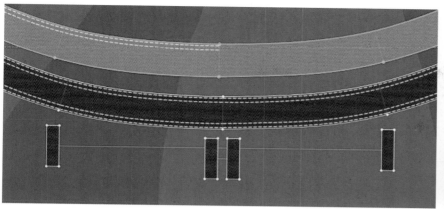
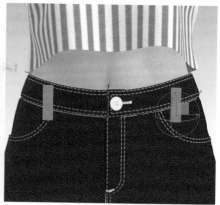

86. 根据牛仔裤的样式，复制所需数量的耳仔襻。

87.3D 视窗摆放耳仔襻的位置（前）。

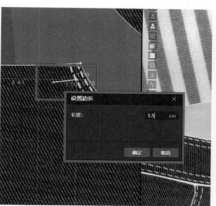
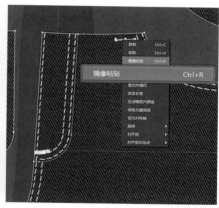

88.3D 视窗摆放耳仔襻的位置（后）。

89.2D 视窗设置耳仔襻的缝合位置，画笔工具左键单击设置线段长度。

90.2D 视窗复制缝合线，点击右键镜像粘贴。

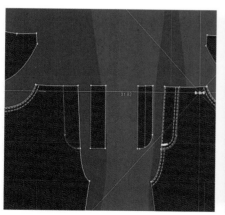
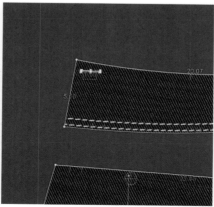

91.2D 视窗镜像粘贴，缝合线角度要对称。

92. 调整缝合线角度和位置，包括前后腰耳仔襻缝合位。

93.2D/3D 视窗自由缝合耳仔襻和对应的腰头位置。

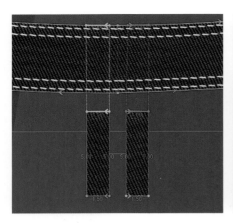

94.2D视窗缝合效果。

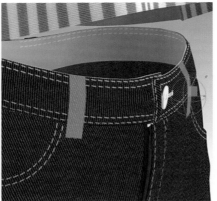

95.模拟缝合效果。

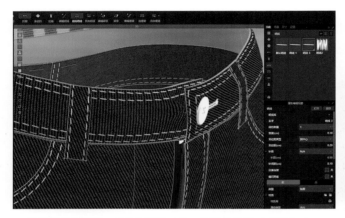

96.耳仔襻缉明缉线。线段明缉线工具，选择单线样式（明线3）。

97.耳仔襻套结。线段明缉线工具，选择单线样式（明线2）。

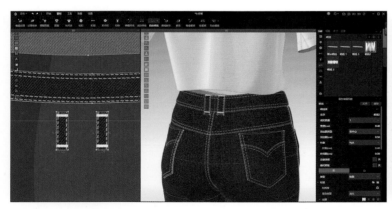

98.耳仔襻套结。前后方法相同，线段明缉线工具，选择单线样式（明线2）。

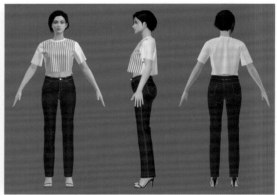

99.牛仔裤人体着装渲染效果展示。

Style 3D
标准教程

第四节 内衣款式建模设计

学习目标	1. 能够熟练运用Style3D进行内衣款式建模设计与试衣操作。
	2. 掌握Style3D软件进行内衣款式建模,通过案例熟练掌握制作肩带、新增日字扣并调整、添加织物等操作方法。
学习任务	应用Style3D进行内衣建模设计,要求将内衣的2D版片导入软件中,掌握内衣3D款式的肩带制作、新增日字扣、调整日字扣、添加织物并进行模拟等。
内容分析	本节案例主要讲解Style3D软件登录、导入虚拟模特、导入版片、安排版片、缝纫并模拟、制作肩带、新增日字扣并调整、添加织物、完成并保存等操作。

案例详解

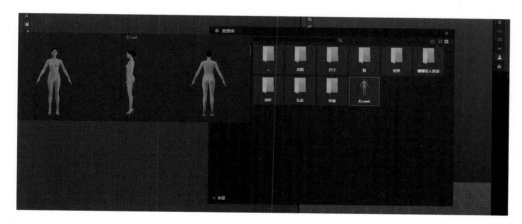

1.在电脑桌面鼠标双击Style3D软件图标,输入账号和密码打开软件。在场景管理视窗的"当前"栏鼠标点击"资源库",进入"资源库"后点开"模特"栏,最后再点选需要的"虚拟模特"。

2.界面弹出窗口后,鼠标点击"确定"把"虚拟模特"添加到3D视窗里面。

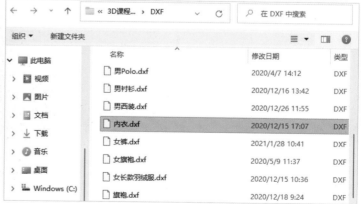

3.在菜单工具栏鼠标点选"文件"栏的"导入"工具,弹出功能小窗口后点选"导入DXF文件",弹出文件窗口找到需要的内衣DXF版片文件,鼠标点选"打开"。

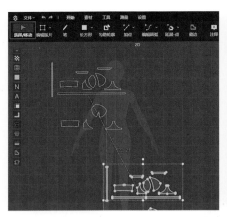

4.选择"选择/移动"工具,在2D视窗点选版片按住鼠标左键对版片进行拖动,根据版片之间的关系对版片进行重新排列。

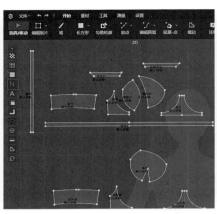

5.在2D视窗内鼠标点选视窗上面的"显示版片名称"图标,在2D视窗里显示版片的名称。

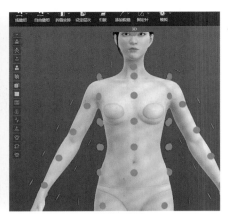

6.在3D视窗内打开"安排点"功能,在虚拟模特上显示安排点。

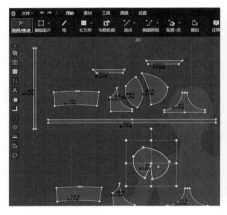

7.选择"选择/移动"工具,在2D视窗点选罩杯版片。

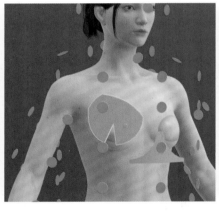

8.再在3D视窗点选虚拟模特对应位置的安排点,把版片安排到虚拟模特上,并通过版片上的坐标轴调整版片的位置。

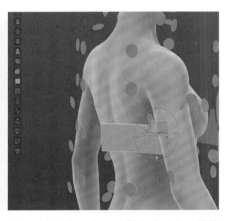

9.同样方法把里布版片都安排到虚拟模特上。

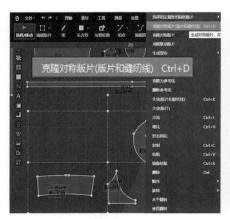

10.在2D视窗内选择需要做对称的版片,鼠标放置在选中的版片上,点击右键弹出功能窗口,点选"克隆对称版片(版片和缝纫线)"。

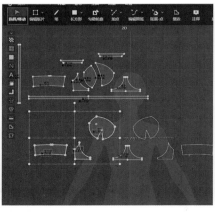

11.拖动鼠标至另一半的空白位置,单击左键生成对称版片。

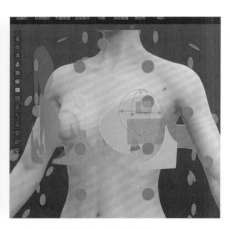

12.3D视窗同时生成对称版片。

Style3D
标准教程

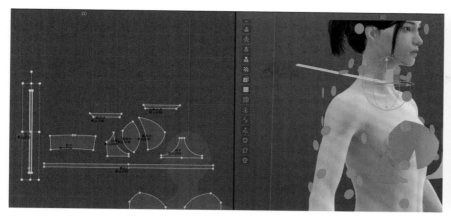
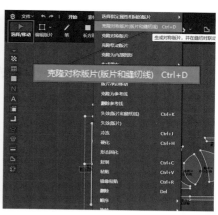

13.同样操作方法把内衣里布版片和肩带版片都安排到虚拟模特上。

14.在2D视窗内鼠标点选肩带版片,单击右键弹出功能窗口,然后点选"克隆对称版片(版片和缝纫线)"。

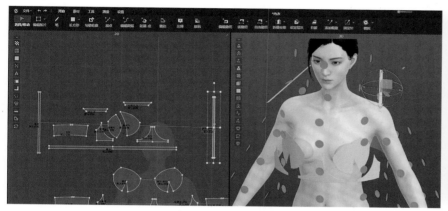
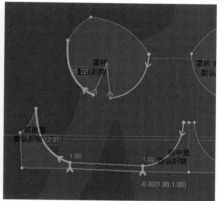

15.拖动鼠标至另一半的空白位置,单击左键生成肩带的对称版片。

16.在"开始"栏中点选"线缝纫"或"自由缝纫"工具,对里布版片进行缝合。

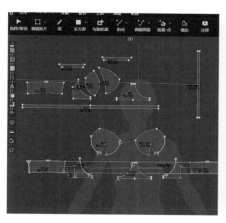
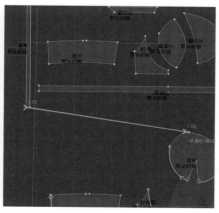

17.缝合好后再对内衣后片位置进行缝合。

18.选用"自由缝纫"工具,将肩带与罩杯里进行缝合。

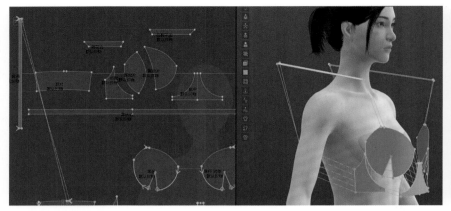

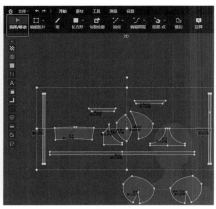

19.然后缝合肩带与后片里，注意方向。

20.点选"选择/移动"工具，选择两根肩带版片。

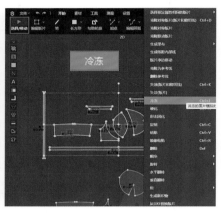

21.在属性编辑视窗的"粘衬"栏，鼠标点选"开"对版片进行粘衬，使版片模拟时不易滑落。

22.点选"选择/移动"工具，选择不参加模拟的内衣版片，点击鼠标右键选择"冷冻"。

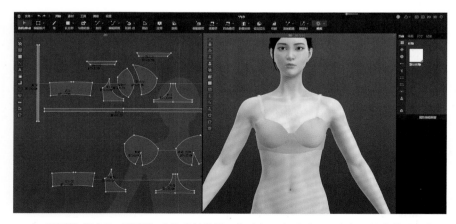

23.在"开始"栏点选"模拟"功能进行模拟，然后在3D视窗内通过鼠标左键拖拽对服装进行调整。

Style 3D
标准教程

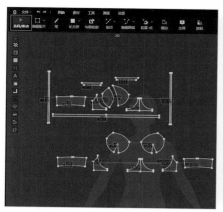

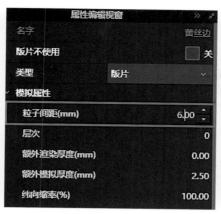

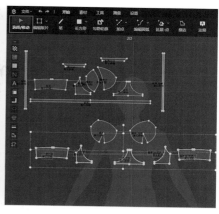

24.鼠标点选"选择/移动"工具,在2D视窗框选所有版片。

25.在属性编辑视窗把粒子间距调小至"6"(粒子间距即版片的网格三角格大小)。

26.鼠标点选"选择/移动"工具,在2D视窗里点选除左、右罩杯里布版片以外的版片。

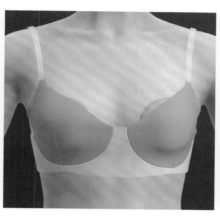

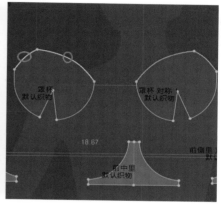

27.在属性编辑视窗的"粘衬"栏,鼠标点选"开"对版片执行粘衬工艺,使版片不易产生变形和拉伸。

28.再次进行模拟,并在3D视窗对服装进行调整。

29.鼠标点选"编辑版片"工具,在2D视窗里点选罩杯版片上方两条边线。

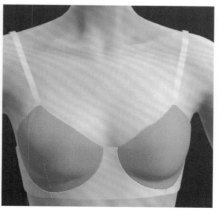

30.在属性编辑视窗的"弹性"栏点选"开",并把"力度"调整为"80"左右,比例值调整为"100%",对边线进行防拉伸处理。

31.进行模拟,罩杯版片上方两条边线已紧贴人体。

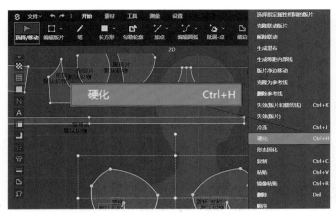
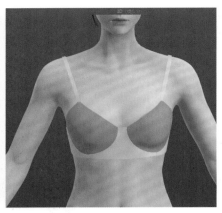

32.选择"选择/移动"工具,在2D/3D视窗点选左、右罩杯版片并按鼠标右键弹出功能窗口,点选"硬化"。

33.进行"模拟",使罩杯版片更硬挺。

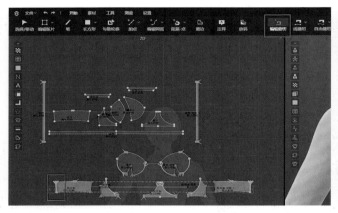
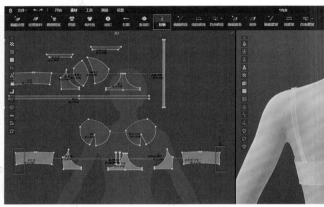

34.在3D视窗把视角旋转至后背,点选"开始"栏中的"编辑缝纫"工具,在2D/3D视窗选择后中缝纫线,点击鼠标右键选择"删除"(或按键盘上的Delete键进行删除)。

35.在"素材"栏鼠标点选"拉链"工具,在2D/3D视窗鼠标画出拉链(起点左键单击,结束左键双击,左右两边分别完成绘制即生成拉链),然后进行模拟。

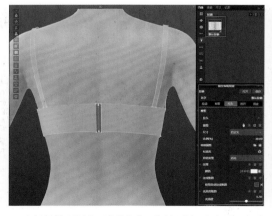
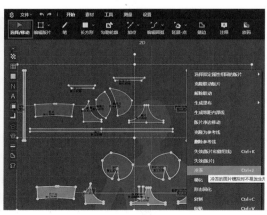

36.在场景管理视窗"当前"的"拉链"栏,鼠标点选"默认拉链"图标,在属性编辑视窗对拉链的布带条、拉尺、拉头、拉止、拉片等进行材质、样式、颜色等编辑。

37.选择"选择/移动"工具,在2D视窗框选里布和肩带版片,按鼠标右键弹出功能窗口并点选"冷冻"功能,把里布和肩带进行冷冻,使其在模拟状态下无法拉扯。

Style 3D
标准教程

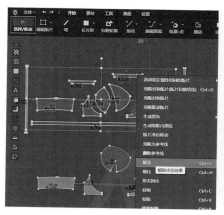
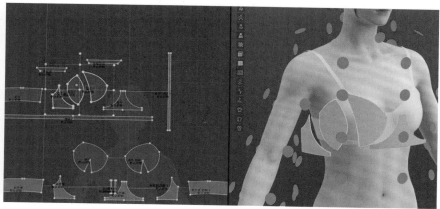

38.选择"选择/移动"工具，在2D视窗框选面布版片，按鼠标右键弹出功能窗口并点选"解冻"功能，把面布版片进行解冻。

39.在3D视窗打开"安排点"功能，选择"选择/移动"工具，在2D视窗点选版片，再在3D视窗点选安排点，把版片安排到虚拟模特上。

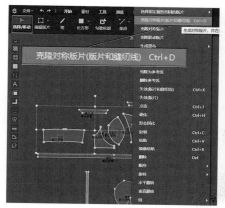
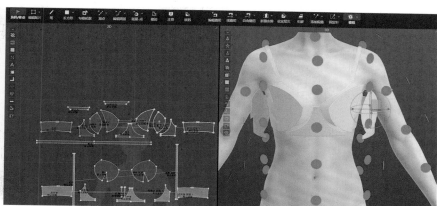

40.鼠标框选需要克隆的面布版片，点击右键弹出窗口并点选"克隆对称版片（版片和缝纫线）"。

41.拖动鼠标放置到另一半的空白位置，单击左键生成对称版片。

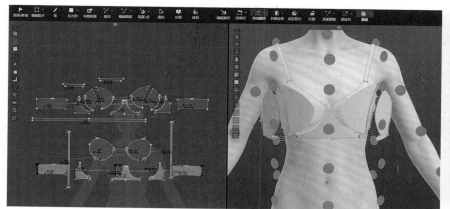
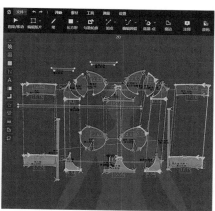

42.鼠标点选"线缝纫"或"自由缝纫"把面布缝合起来。

43.待面布版片缝合好后，再把面布和里布缝合在一起。

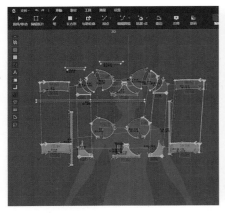

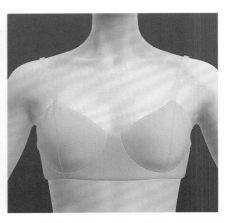

44.鼠标先点选"编辑缝纫"工具，再点选（按Shift键可以加选）面布和里布缝合的缝纫线。

45.在属性编辑视窗把缝纫线类型改成"合缝"。

46.再次进行模拟，并在3D视窗对衣服进行拉扯调整。

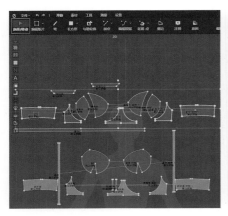

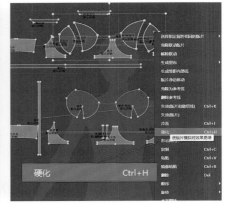

47.鼠标点选除前胸版片外的其他面布版片。

48.在属性编辑视窗的"粘衬"栏，鼠标点选"开"，对版片进行粘衬工艺处理。

49.选择"选择/移动"工具，在2D视窗点选或框选面布罩杯版片，点击鼠标右键弹出功能窗口，再点选"硬化"功能，把面布罩杯版片进行硬化。

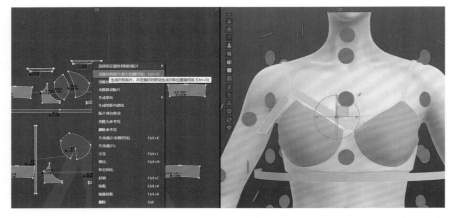

50.在3D视窗打开显示安排点，然后在2D视窗点选花边版片，再在3D视窗点选安排点，把花边版片安排到虚拟模特上。把所有花边版片都安排好后，用"选择/移动"工具在2D视窗点选需要做对称的花边版片，点击右键，待功能窗口弹出后再选"克隆对称版片（版片和缝纫线）"。

Style 3D
标准教程

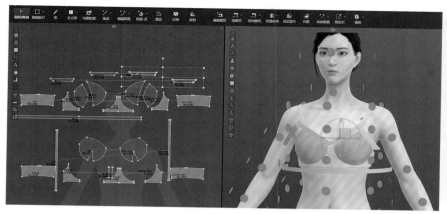
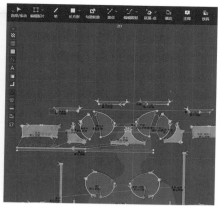

51.拖动鼠标至另一边空白的位置，对花边版片进行"克隆对称版片（版片和缝纫线）"。

52.选择"多段自由缝纫"工具，将花边版片缝合在内衣版片上。

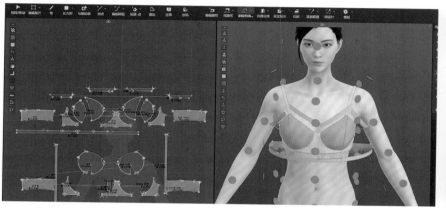
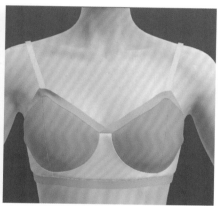

53.在3D视窗进行检查。

54.再次进行模拟，并在3D视窗通过拉扯对服装进行调整。

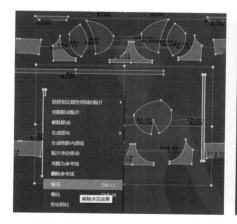
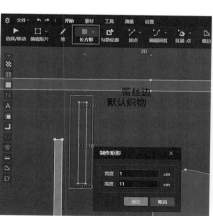
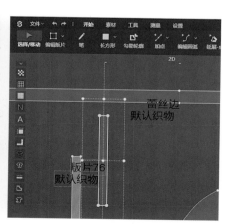

55.选用"选择/移动"工具，在2D/3D视窗框选肩带版片，按鼠标右键弹出功能窗口，并点选"解冻"，把肩带版片解冻。

56.在"开始"栏鼠标点选"长方形"工具，在肩带版片附近的空白位置单击鼠标左键弹出长方形数值对话框，输入数值"宽1cm""高11cm"，然后点击确定生成长条版片。

57.用"选择/移动"工具选中长条版片。

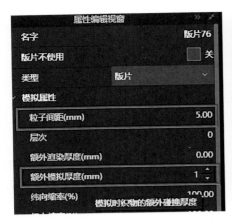

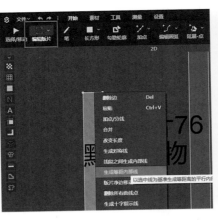

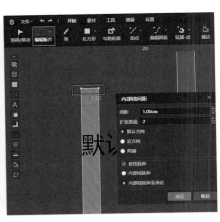

58.在属性编辑视窗把"粒子间距"的数值调小至"5",并把"增加模拟厚度"的数值调小至"1"。

59.选择"编辑版片"工具,点选肩带版片上端边线后,按鼠标右键弹出功能窗口,点选"生成等距内部线"。

60.弹出等距内部线数值对话框,输入"间距1"和"扩张数量2",然后点击"确定"生成内部线。

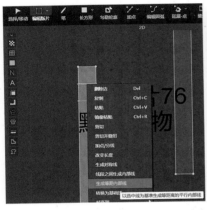

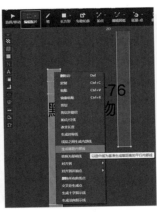

61.鼠标点选"编辑版片"工具,在肩带版片的上端点选第一条内部线,按右键弹出功能窗口,并点选"生成等距内部线"。

62.弹出等距内部线数值对话框,输入"间距10"和"扩张数量1",勾选"反方向",然后鼠标点击"确定"生成内部线。

63.鼠标点选"编辑版片"工具,在肩带版片的下端点选内部线,按鼠标右键弹出功能窗口并点选"生成等距内部线"功能。

64.弹出等距内部线数值对话框输入"间距1"和"扩张数量1",勾选"反方向",然后鼠标点击"确定"生成内部线。

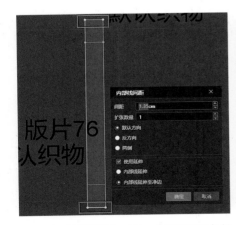

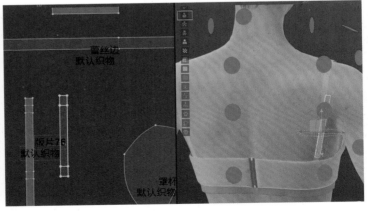

65.选用"编辑版片"工具,分别选择长条版片两端的边线,鼠标点击右键弹出功能窗口并点选"生成等距内部线"功能,弹出等距内部线数值对话框并输入"间距1.35"和"扩张数量1",然后点击"确定"生成内部线。

66.在3D视窗打开显示安排点,然后在2D视窗点选长条版片,再在3D视窗点击安排点,把长条版片安排到虚拟模特上,并通过坐标轴调整位置。

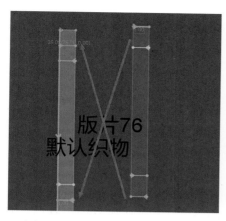

67.鼠标点选"线缝纫"或"自由缝纫"工具，把长条版片缝合到肩带版片上（注意缝合时的方向和上下关系）。

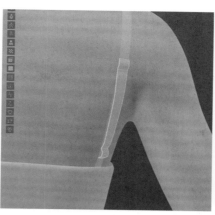

68.然后进行"模拟"并拉扯平整。

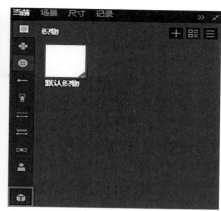

69.在场景管理视窗点击下方的"资料库"图标，打开"资料库"栏。

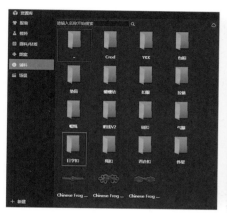

70.鼠标点击"辅料"栏的"日字扣"文件夹。

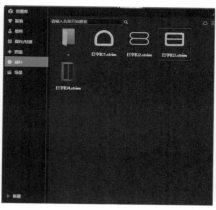

71.进入日字扣文件夹后，鼠标左键双击需要的"日字扣"样式图标，把日字扣添加到3D视窗内。

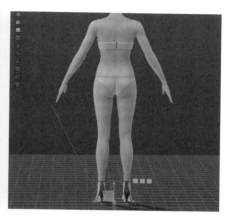

72.添加到3D视窗的日字扣会在3D视窗的原始点（虚拟模特的脚下正中间位置）。

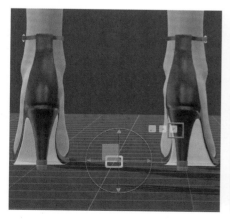

73.在3D视窗，鼠标点选日字扣坐标轴上的针。

74.拖动鼠标，直至要放置的版片位置，单击鼠标左键放置日字扣。

75.在3D视窗鼠标点选"日字扣"，或在"当前"附件中点击"日字扣"。

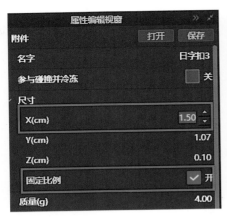

76.在属性编辑属性的"尺寸"栏，鼠标点选"开"与"固定比例"，再把日字扣的尺寸进行编辑，即改小为"1.5"cm。

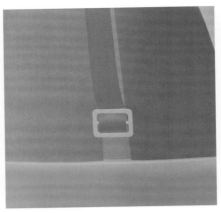

77.在3D视窗里选中日字扣，并通过日字扣的坐标轴调整日字扣的位置，把日字扣穿到肩带里。

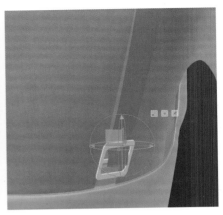

78.选择"选择/移动"工具，在3D视窗里点选日字扣，然后按快捷键"Ctrl+C"复制，再按快捷键"Ctrl+V"粘贴，并移动鼠标将其放在肩带上，单击鼠标左键进行放置。

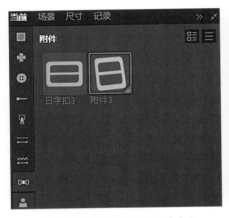

79.在"当前"附件中点击"日字扣"。

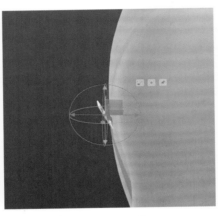

80.通过坐标轴进行位置调整。

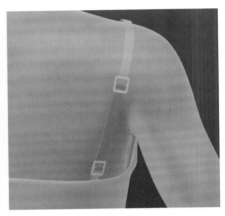

81.进行"模拟"并通过拉扯进行调整。

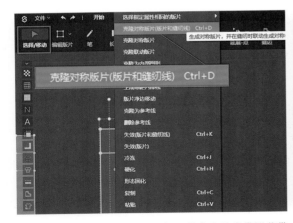

82.选择"选择/移动"工具，在2D视窗点选肩带调节带（即长条版片），按鼠标右键弹出功能窗口并点选"克隆对称版片（版片和缝纫线）"。

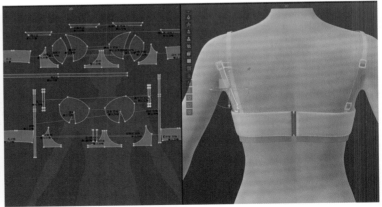

83.拖动鼠标至另一半的肩带版片附近，单击鼠标左键生成对称版片。

Style 3D
标准教程

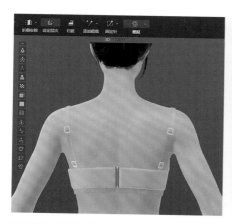

84. 通过坐标轴对"日字扣"进行位置调整，然后点击"模拟"功能（或按键盘上的空格键）进行模拟，在模拟状态下把肩带调节平整。

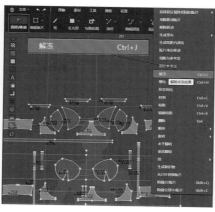

85. 在2D视窗内用鼠标框选里布版片，鼠标放在冷冻的版片上，按右键弹出功能窗口，然后点选"解冻"功能，把所有冷冻的版片进行解冻。

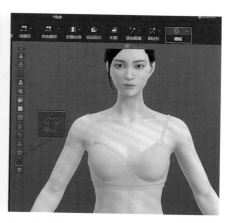

86. 在3D视窗打开"隐藏样式3D"，把3D视窗里服装上的粘衬、冷冻及硬化等工艺颜色进行隐藏。

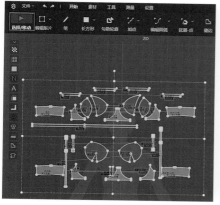

87. 鼠标点选"选择/移动"工具，在2D视窗框选所有的版片（或按快捷键"Ctrl+A"选中所有版片）。

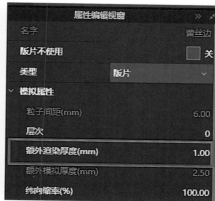

88. 在属性编辑视窗把"增加渲染厚度"的数值编辑为"1"（即衣服面料的厚度）。

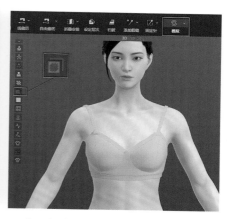

89. 在3D视窗打开"面料厚度"，使3D视窗里的服装面料显示厚度。

90. 同样在3D视窗，鼠标点击"显示面料纹理"，使3D视窗里的服装显示面料纹理。

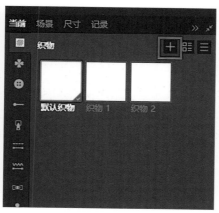

91. 在场景管理视窗"当前"栏中的"织物"栏，鼠标点击"+"，添加新的织物图标。

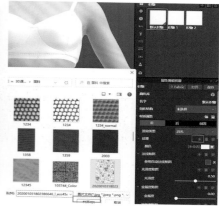

92. 在场景管理视窗的"织物"栏用鼠标点选"默认织物"图标，再在属性编辑视窗的"纹理"栏点击"+"，弹出文件窗口，找到需要的面料纹理图片，鼠标点击"打开"。

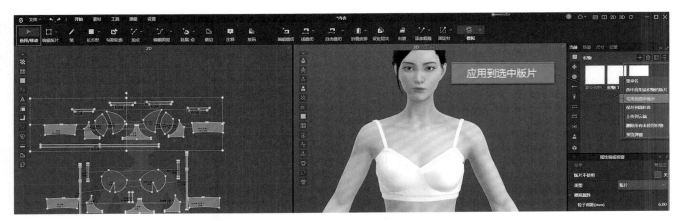

93.选择"选择/移动"工具,在2D视窗内框选花边版片,再在场景管理视窗"当前"栏中的"织物"栏将鼠标放置在"织物2"图标上按右键,点选"应用到选中版片",把"织物2"面料应用到内衣花边上。

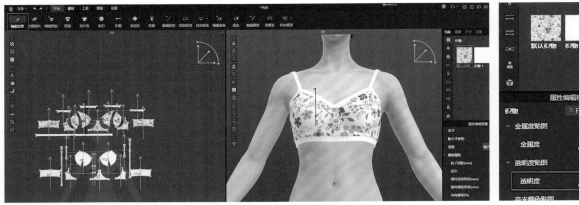

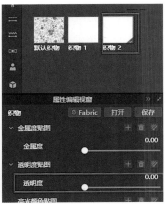

94.在场景管理视窗的"织物"栏用鼠标点选"默认织物"图标,再在"素材"栏里选择"编辑纹理"工具,通过右上角的调整工具对面布版片的大小、角度、位置进行调整。

95.在场景管理视窗的"织物"栏用鼠标点选"织物2"图标,在属性编辑视窗的"透明度贴图"栏把透明度数值调到"0",使织物完全透明。

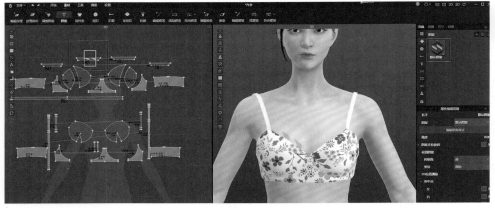

96.在场景管理视窗的"图案"栏用鼠标双击"默认图案"图标,然后在2D/3D视窗用鼠标点击花边版片,把图案贴到花边版片上。

97.在场景管理视窗的"图案"栏用鼠标点击"默认图案"图标,在属性编辑视窗的"纹理"栏点击"+",弹出文件窗口找到需要的花边图案,点击"打开",把图案添加到软件里。

Style 3D
标准教程

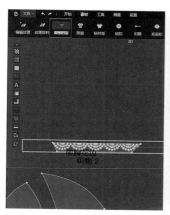

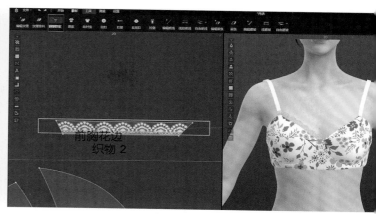

98. 在"素材"栏里选择"编辑图案"工具，对花边版片内的图案进行调整。

99. 在"编辑图案"功能下，鼠标点选版片上的图案，按鼠标右键弹出功能窗口，点选"垂直翻转"，并按住左键拖动图案调整图案位置，使其贴合版片。

100. 在2D/3D窗口检查花边位置与形态。

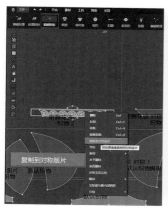
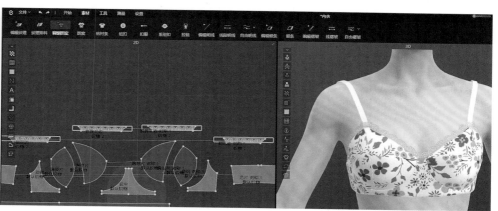

101. 在"素材"栏中选择"编辑图案"工具，鼠标点选版片上的图案，单击右键弹出功能窗口，点选"复制到对称版片"，使对称的版片也添加图案贴图。

102. 用同样操作步骤使侧花边版片也贴上图案贴图，并复制到另一边的对称版片上。

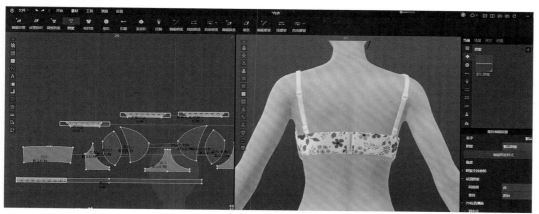

103. 在场景管理视窗的"当前"栏，鼠标点选"图案"栏中"默认图案"图标，然后在2D视窗里点击"花边版片"，把图案贴到版片上。

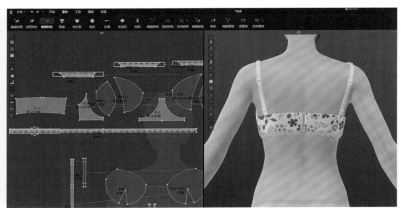

104. 选用"编辑图案"工具，在 2D 视窗点击花边版片的图案，再在属性编辑视窗点选"设置图案"栏中的"重复"功能，同时点选"X轴"。

105. 使图案横向铺满版片。

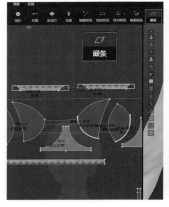
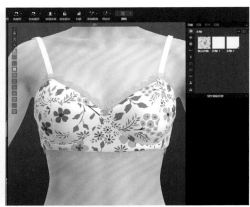
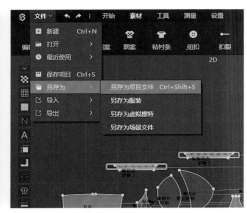

106. 点选"素材"栏中的"嵌条"工具，在 2D/3D 视窗鼠标沿前胸版片的边线画出嵌条。

107. 进行"模拟"并查看效果。

108. 调整完后，点击"开始"栏中"文件"工具弹出对话框，选择"另存为项目文件"。

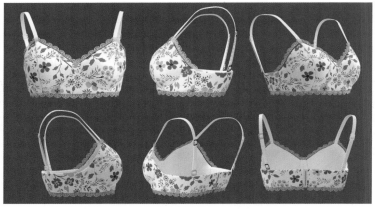

109. 弹出存储路径、文件名、文件格式等选择对话框，更改好相关名称后点击保存。

110. 渲染完成后的成衣效果。

Style 3D
标准教程

第五节 衬衫款式建模设计

学习目标 1. 熟练运用 Style3D 软件工具进行衬衣款式建模设计及模拟试衣。

2. 掌握 Style3D 软件衬衣款式建模的流程与操作方法，版片导入、组合搭配款、调整款式、安排版片与缝纫、添加面料、明线等。熟悉衬衣款式结构与操作技巧，包括衬衣版片缝合、衬衣领、门襟、系扣子、袖衩、袖褶裥、袖克夫等操作技巧。

学习任务 应用 Style3D 绘制出衬衣款式的建模，在原有上衣款式文件的基础上，将 T 恤牛仔裤款式文件导入，掌握实现多款式导入添加和调整的方法。掌握衬衣款式 3D 版片的排列与整理、工艺缝纫、材质的填充，以达到实现衬衣款式 3D 数字化产品设计的效果。

内容分析 衬衣属于上装基础款，要注意门襟叠搭结构、系扣子、衬衫翻领和袖衩缝纫的制作技巧，衬衣款的特征主要在于衬衣领和袖口的设计，不同的结构其制作方法不同，要多尝试版片和缝纫工艺变化带来的不同视觉效果。

 案例详解

1. 在电脑桌面鼠标双击 Style3D 软件图标，输入账号密码，运行软件。

2. 文件下拉菜单导入衬衣版型的 DXF 文件。

3. 加载类型选择打开。

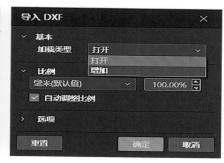

4. 弹出打开窗口，选择衬衣 DXF 文件。

5. 导入版片，在 2D 和 3D 窗口同步显示版片。

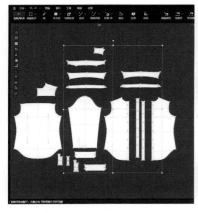 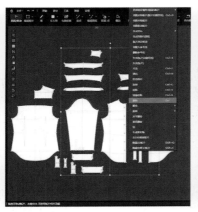

6.版片整理，"选择/移动"工具选择衬布版片和实样版片。

7.右键选择"删除"（或按键盘 Delete 键删除）。

8.分析版片状态。

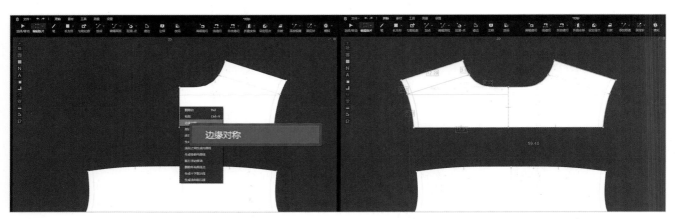

9.后育克版片调整。点选"编辑版片"工具，在 2D 视窗点选"后育克"版片边线，右键弹出功能对话框点选"边缘对称"功能，以边线为对称轴镜像复制出另一半的版片。

10.省道处理。点选"勾勒轮廓"工具，鼠标点击选择省道内部线，按"Shift"键多选，"Enter"键确认勾选。

Style 3D
标准教程

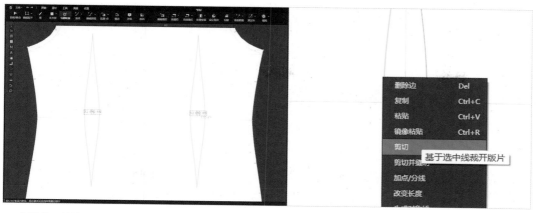

11.省道处理的剪切。省道勾勒完成后，将勾勒好的省道线选中，点击右键点选"剪切"或"剪切并缝纫"。

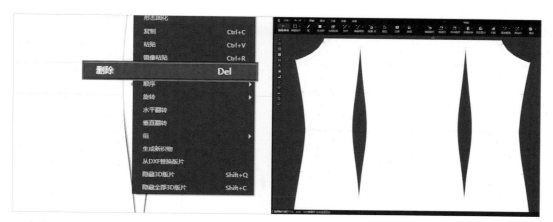

12.省道处理的效果。剪切后，省道区域剪切成为新的形状裁片，右键选择"删除"（或按键盘Delete键删除）。

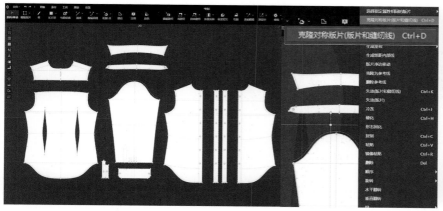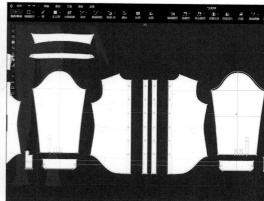

13.生成对称版片。将袖子和袖克夫的裁片选中，点击右键选择"克隆对称版片（版片和缝纫线）"，快捷键为"Ctrl+D"。

14.排列对称版片。

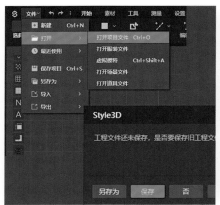

15. 为衬衣搭配裤子款。文件下拉菜单，打开项目文件。

16. 在已做好的款式中选中"牛仔裤"文件。

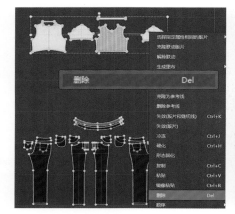

17. 加载类型选择"添加"，加载对象勾选"服装、模特"。

18. 2D 和 3D 视窗会显示打开文件中已设置好的模特及制作完成的 T 恤、裤子款式模拟试衣和版型。

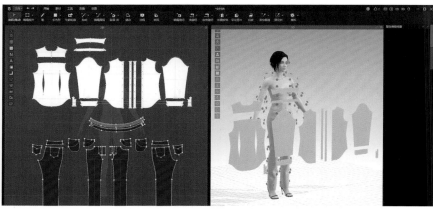

19. 2D 视窗选择 T 恤版型，按"Delete"键删除。

20. 2D 视窗选择框选成衣版片，调整版型布局。

Style 3D
标准教程

21.安排版片(前片)。在2D视窗点选版片,在3D视窗点选虚拟模特对应位置的安排点,把版片安排到虚拟模特上。

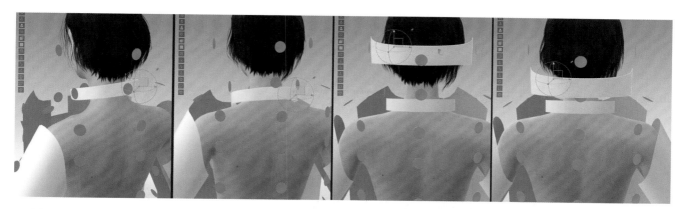

22.安排版片(领子)。通过版片坐标轴调整版片的位置,旋转不同视角(右键可旋转视角)把版片都安排到虚拟模特上。

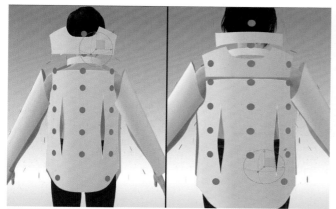

23.安排版片(后片)。通过版片坐标轴调整版片的位置。

24.安排版片(袖克夫)。通过版片坐标轴调整版片的位置。

25. 衣身版片缝合。开始栏点选"线缝纫"和"自由缝纫"工具，在2D/3D视窗把版片缝合在一起，根据版片之间的关系进行缝纫。前片肩边线和后片肩边线缝合，前侧边线和后侧边线缝合，省道缝合。

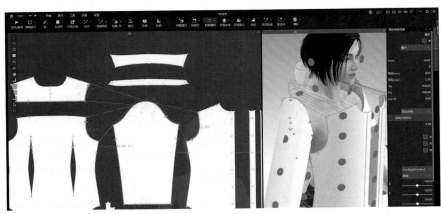

26. 袖身版片缝合。前片袖窿边线和袖子前袖边线缝合（单刀口、红色线为前袖山），后片和后育克上下缝合，后片和后育克袖窿边线和袖子后袖山边线缝合（双刀口.红色线为后袖山），袖子袖侧两边缝合。多线段缝合按住"Shift"键。

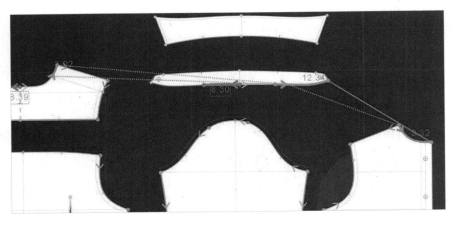

27. 领子和领座缝合。领座缝合左右前片和后育克领口边线，在3D视窗鼠标右键旋转核查缝纫线。

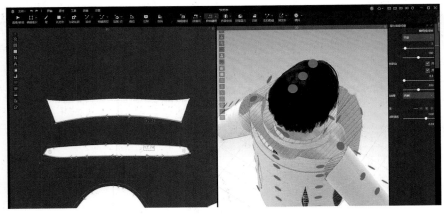

28. 领子和领座缝合(后视)。在3D视窗鼠标右键旋转核查缝纫线。

29. 在2D和3D视窗从各角度审核缝纫线的链接关系。

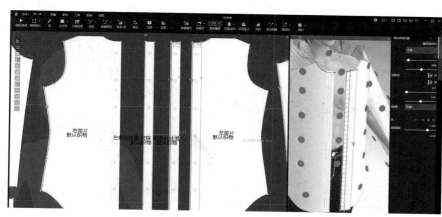

30. 工具栏点选"勾勒轮廓"工具，在2D视窗点选左右前片版片的叠门轮廓线，按右键点选"勾勒为内部线"（或按回车键）生成内部线。将门襟与衣身裁片合缝。

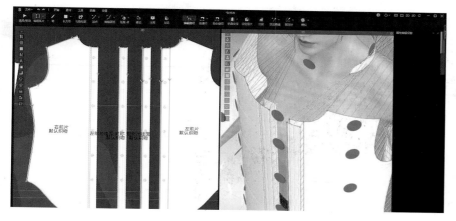

31. 注意左右片门襟的位置及其与衣片之间的前后关系。右侧叠门在衣片前面，左侧叠门在衣片后面。

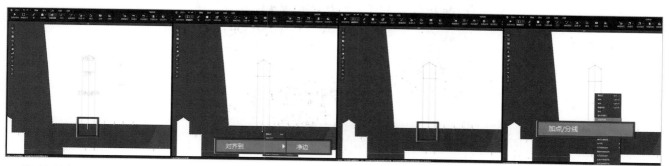

32. 袖开衩轮廓线。点选"勾勒轮廓"工具勾勒袖开衩轮廓线，线条生成后点击右键，点选"对齐到""净边"，点选袖开衩中心线，设置开衩点，点击右键点选"加点/分线"。

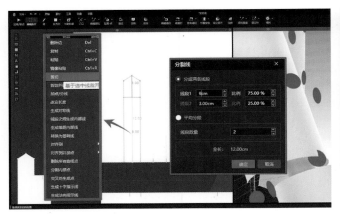 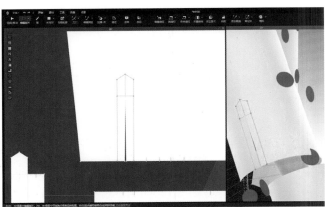

33. 袖开衩。弹出分裂线窗口，设置线段数值：线段数量为2，线段1为9cm，线段2为3cm。点选"编辑版片"工具，然后在2D视窗点选袖子版片袖衩位中间内部线，按右键弹出功能对话框，点选"剪切"功能，开剪袖衩位，完成开衩。

34. 检查袖口开衩。在2D/3D视窗检查袖口开衩效果是否正确。

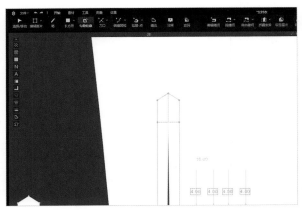 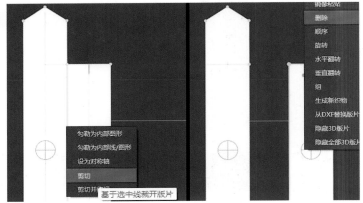

35. 袖褶裥勾勒轮廓。

36. 大袖衩修剪。勾勒轮廓工具，勾勒大袖衩与小袖衩中线，并剪切。

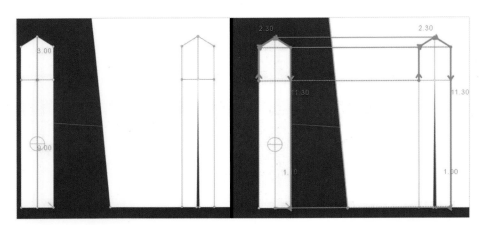

37. 大袖衩安排与缝合。大袖衩点选"线缝纫"和"自由缝纫"工具，把袖衩版片缝合到袖子版片袖口的袖衩位上（注意袖衩外边下段边线不要缝纫），鼠标点选"编辑缝纫"，鼠标框选袖衩版片的所有缝纫线，再在属性编辑视窗把"缝纫线类型"改成"合缝"。

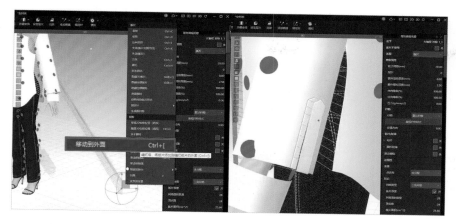

38.大袖衩安排。在2D窗口摆放大袖衩位置，在3D窗口点选大袖衩并点击右键，点选"移动到外面"，检查缝合线的位置，给袖衩添加粘衬工艺，进行"模拟"使袖衩和袖子合在一起。

39.安排袖克夫。在3D视窗中根据人体安排点位置将袖克夫安排在手腕区域，并进行位置调整，点击右键选"失效"，袖克夫当前不参与缝合和模拟。

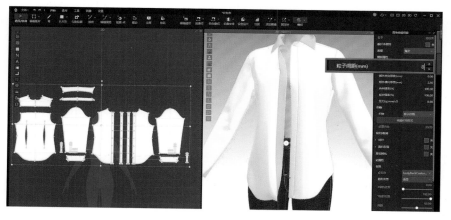

40.衬衣模拟。将衣片全部选中（失效版片不参与模拟），属性编辑视窗调整面料粒子间距，数据可设置5~10之间，粒子间距越小，面料模拟越细腻。

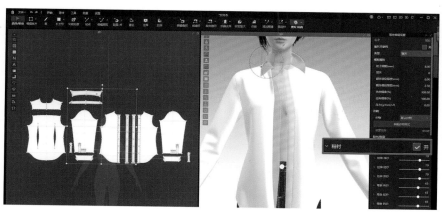

41.门襟和领子添加粘衬。按住"Shift"多选版片，选中领子、领座与门襟裁片，在属性编辑视窗点选"粘衬"。

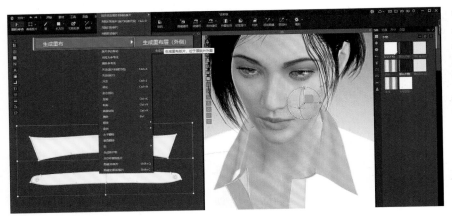

42.领子的细节制作（生成领底和领座里料版片）。按住"Shift"多选版片，选中领子与领座裁片，点击右键选"生成里布"→"生成里布层"，里侧或外侧两者皆可，明确区分上下里外关系即可。

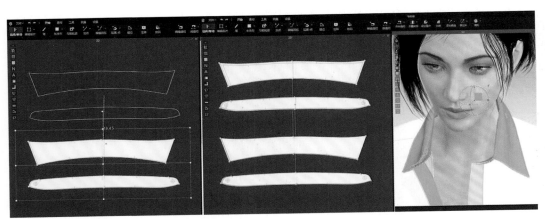

43.领子的细节制作（里料版片排版与效果模拟）。生成版片，在2D视窗中进行排版位置，3D视窗观察版片关系，确认后按"空格"键模拟效果。

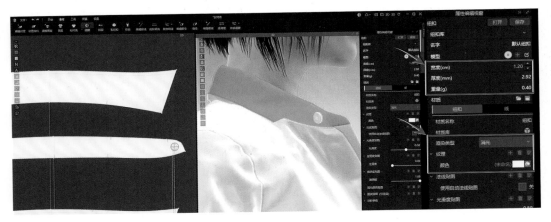

44.领子的细节制作（安排领座纽扣）。2D视窗领座版片，选择素材"扣子"工具，安排领座扣子的位置，并在属性编辑视窗设置扣子的尺寸和材质。

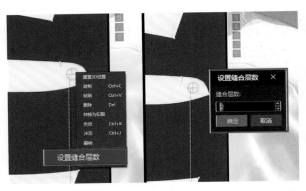

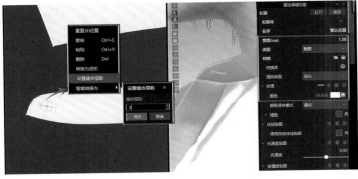

45.领子的细节制作（纽扣缝合层数设置）。2D视窗点选"扣子"，点击右键点选"设置缝合层数"，在弹出的"设置缝合层数"窗口中设置缝合层数2。

46.领子的细节制作（扣眼的缝合层数设置）。2D视窗点选"扣子"，点击右键点选"设置缝合层数"，在弹出的"设置缝合层数"窗口中设置缝合层数2。注意扣子与扣眼的宽度需要匹配。

Style 3D
标准教程

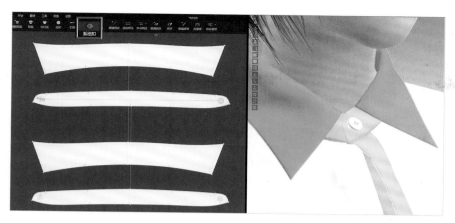

47.领子的细节制作（领座系纽扣设置）。2D视窗点选"系纽扣"，单击选择扣子，向扣眼位置进行拖放，按"空格"键模拟效果。

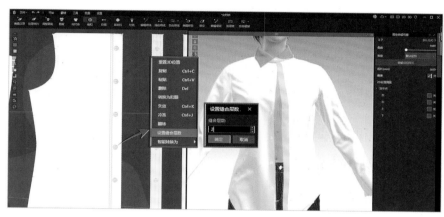

48.衣身扣子安排。在2D视窗左侧衣身版片中找到扣子的位置，用素材菜单中的"纽扣"单击生成扣子。在属性编辑视窗中编辑扣子的宽度等相关信息，注意扣子与扣眼尺寸的对应关系。2D或3D视窗中选择扣子，点击右键选择"设置缝合层数"，设置缝合层数2。

49.门襟扣眼安排。在2D视窗右侧门襟版片中找到扣眼的位置，用素材菜单中的"扣眼"单击生成扣眼。在属性编辑视窗中编辑扣眼的宽度等相关信息，注意扣子与扣眼尺寸的对应关系。2D或3D视窗中选择扣眼，点击右键选择"设置缝合层数"，设置缝合层数2。

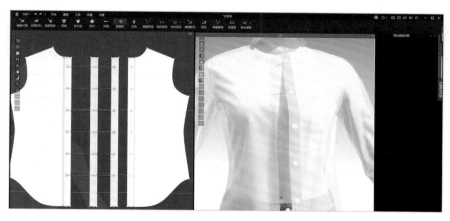

50.门襟系纽扣。2D视窗点选"系纽扣"，单击选择扣子，向扣眼位置进行拖放，按空格键模拟效果。

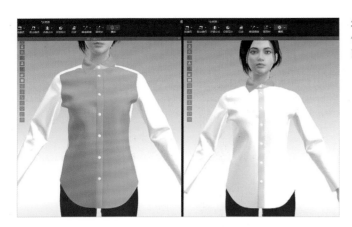

51.衬衣效果模拟。模拟过程中如果前身面料不平整可将版片硬化，使其外观平整后，再取消硬化效果。同时，可通过属性编辑视窗调整面料属性来改变衬衣的外观效果。

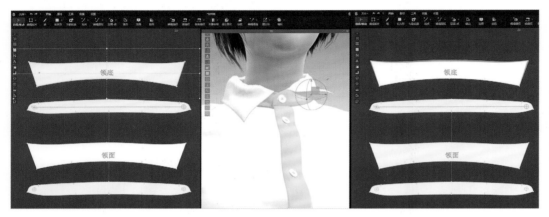

52.衬衣翻领调整。通过生成里布层产生领面与领底的关系，因而，领面与领底形状一致。在实际模拟后领子并不平整，可通过修剪领底的边缘形状来实现领子的翻折效果，与制作领子原理一致。如右侧图所示调整领底，红色区域为修剪部分。

53.模拟效果。将领面与领底版片选中，右键点选"硬化"，使领子的形状挺括，领面保持平整即可。

54.模拟观察。领面平整后，取消"硬化"。

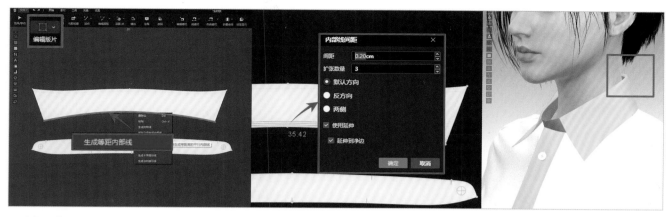

55.翻领的第二种表达方法。版片只需要单层的领座和领面,用"编辑版片"工具,点击右键点选"生成等距内部线",弹出"内部线间距"选框,填写内部线数据,间距0.2cm,扩张数量3,默认方向,使用延伸到净边,确认。生成等距内部线后按"空格"键进行模拟,可产生同样的翻折效果,翻折效果相比双层面料要薄一些,两种方式可以结合使用。

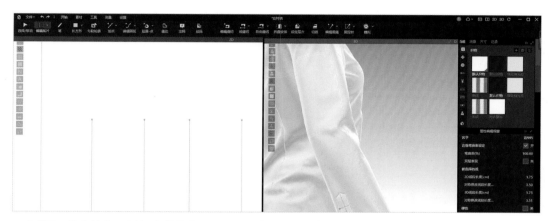

56.勾勒袖口褶裥轮廓。选择"勾勒轮廓"工具,选择褶裥定位轮廓,按"Enter"确定生成轮廓线。

57.生成褶裥翻折线。2D视窗点选"显示尺寸",显示褶裥之间的宽度数据,点选褶折线"Ctrl+C"复制,"Ctrl+V"粘贴,同时按右键弹出功能复制话框设置"间距",输入褶裥之间宽度的一半数值,点击确定复制轮廓线。

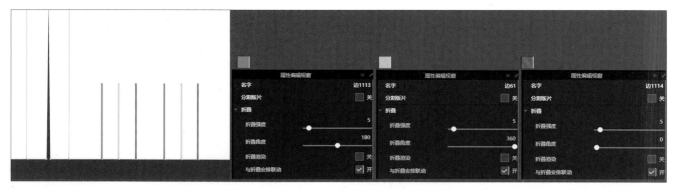

58.褶裥翻折角度设置。点选"编辑版片"工具在2D视窗点选袖子褶线，根据褶的倒向在属性编辑视窗设置褶折线的"折叠角度"（左外面的折线为"180"度蓝色线，中间的折线为"360"度黄色线，右外侧的折线为"0"度为红色线）。

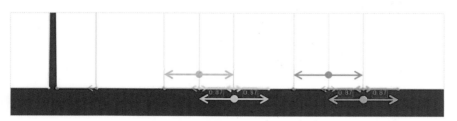

59.褶裥的缝纫方向。点选"自由缝纫"工具，在2D/3D视窗把袖口褶缝合好（先从黄色褶裥翻折线向两边缝纫，再从红色线点向两边缝纫），点选"编辑缝纫"工具框选袖褶所有缝纫线，在属性编辑视窗把"缝纫线类型"改成"合缝"。点击"模拟"功能进行模拟并拉扯平整，在3D视窗点选"显示内部线"功能图标使3D视窗里的衣服版片显示出内部线（把红色折线拉到上面来，如果拉扯不到位可以等把袖口版片缝合后再拉扯），注意褶裥向袖衩倒，两个褶裥的方向要一致。

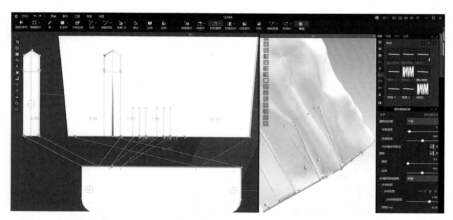

60.袖口开衩、褶裥与袖克夫的缝纫。分析缝纫的结构，涉及多段缝纫，按住"Shift"键连续选择缝纫线段。注意袖克夫与袖开衩起始位起缝，按照图例进行操作。

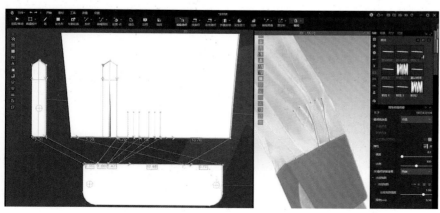

61.袖身与袖克夫缝纫核查。硬化袖克夫，从2D/3D视窗中观察缝纫线的走势，是否平整。

Style 3D
标准教程

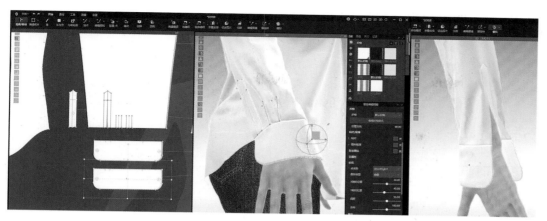

62.袖克夫。2D视窗点选袖克夫版片，点击右键点选"生成里布""生成里布层（里侧）"。从2D/3D视窗中观察里布生成外观，按空格键模拟。

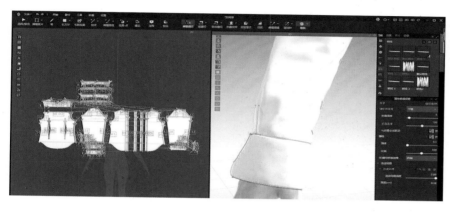

63.衬衣缝纫法线效果设置。2D视窗选用"编辑缝纫"工具框选衬衣版片所有缝纫线，在属性编辑视窗中"法线贴图"点击"删除"图标（垃圾桶），删除法线贴图样式。

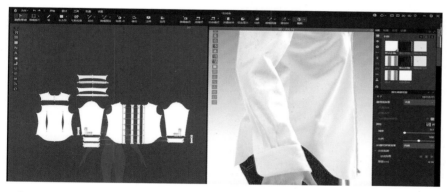

64.衬衣缝纫法线效果模拟，按"Enter"键模拟，从3D视窗中观察缝纫法线的粗细变化。

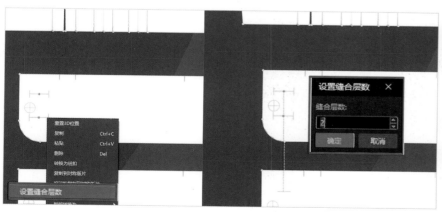

65.袖克夫安排扣眼。选择素材"扣眼"，安排扣眼位置，点击右键"设置缝合层数"，设置层数2，在属性编辑视窗中设置扣眼的宽度。

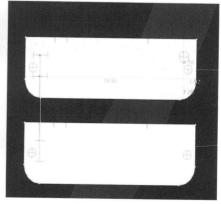

66.袖克夫安排扣子。安排扣子位置，在属性编辑视窗中设置扣子的宽度。

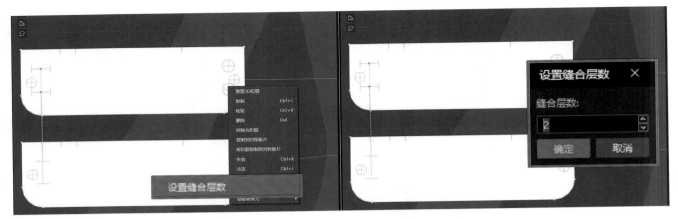

67. 设置扣子的缝纫层数。点击右键"设置缝合层数"，设置层数2。

68. 在2D/3D视窗中观察扣子扣眼的位置、大小、分布情况。

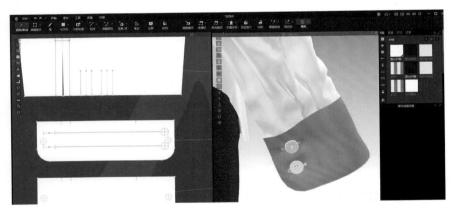

69. 袖克夫系扣子。2D视窗点选"系纽扣"，单击选择扣子，向扣眼位置进行拖放，按"空格"键模拟效果。

70. 调整衬衣面料样式。在场景管理视窗中找到资源库，左键点击，弹出资源库面板，在面料/材质面板中找到适合的衬衣面料，如"尼龙四面弹210g"。2D视窗"选择/移动"框选衬衣所有版片，将面料应用到选中版片。

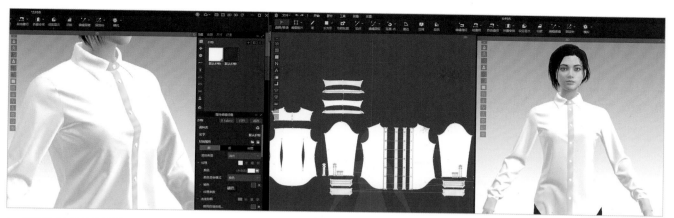

71. 调整衬衣面料属性数据。通过"属性编辑视窗"调整面料"材质属性",包括纹理、色彩、法线贴图、光泽等。

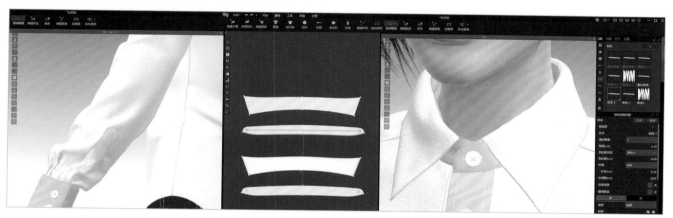

72. 衬衣缝纫线制作。衬衣缝纫线主要分布在领子、肩线、门襟、袖口、下摆。选择素材菜单"自由明线"工具,在2D视窗对应的版片上自由勾选所需的明缉线,单击起始,双击结束线段,在属性编辑视窗中设置套结的属性,包括宽度、到边距、针距,可根据实际情况或设计喜好调整。

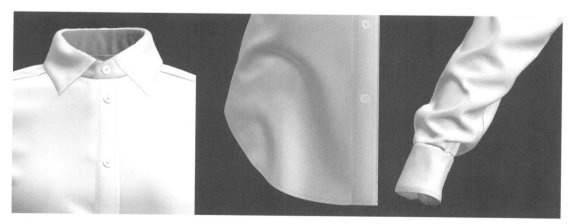

73. 衬衣模拟局部效果。

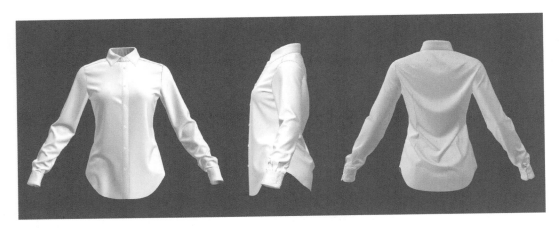

74.衬衣模拟效果。

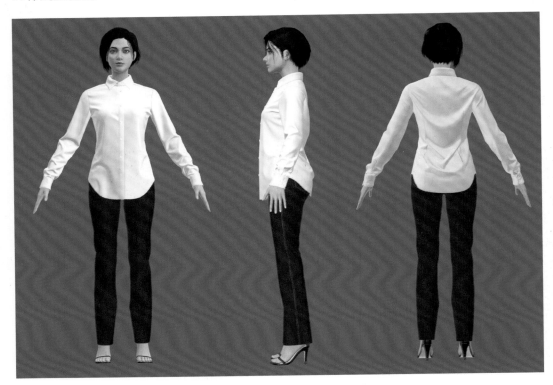

75.衬衣模拟整体着装效果。

Style 3D
标准教程

第六节　旗袍款式建模设计

学习目标　1. 熟练运用 Style3D 对旗袍进行款式建模设计及试衣操作。

2. 学习 Style3D 软件旗袍款式建模，通过案例了解安排里布版片、安排面布版片、缝纫并模拟、制作拉链、添加盘扣、添加编辑面料、添加编辑图案、添加编辑明线等操作方法。

学习任务　应用 Style3D 进行旗袍建模设计，要求将旗袍的 2D 版片导入软件中，实现旗袍 3D 款式的建模、缝纫、模拟等操作以达到实现旗袍款式 3D 数字化产品设计效果。

内容分析　本节案例主要讲解导入版片、安排里布版片、安排外布版片、缝纫并模拟、制作拉链、添加织物、添加盘扣、完成并保存等操作。

 **案例详解**

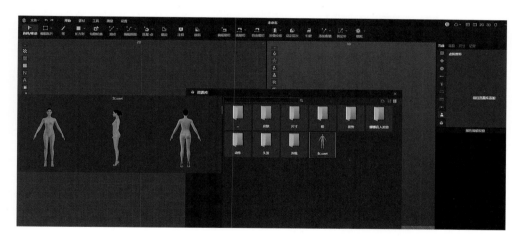

1. 打开软件，进入"资源库"，用鼠标点击"虚拟模特"栏后点选需要的"虚拟模特"，界面弹出窗口后，点击"确定"把"虚拟模特"添加到2D/3D视窗内。

2. 鼠标点选"文件"栏中的"导入"工具后点选"导入DXF文件"，弹出文件窗口后找到需要的旗袍DXF版片文件并点选"打开"，待弹出导入信息窗口，点选"确定"。

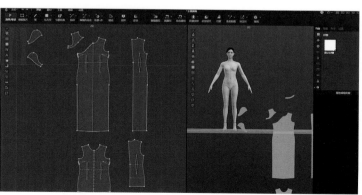

3. 点选确定后，把旗袍DXF导入到2D/3D视窗里面。

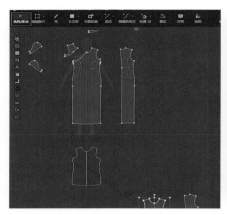

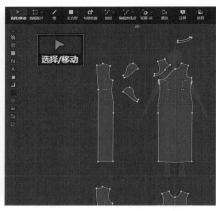

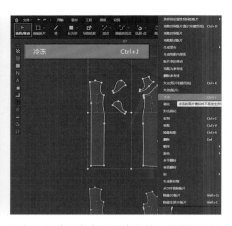

4. 选择"选择/移动"工具，在2D视窗内点选版片，按住鼠标左键对版片进行拖动，根据版片之间的关系对版片进行重新排列。

5. 版片排列包括里布版片与面布版片。

6. 在2D视窗鼠标框选面布版片，按鼠标右键弹出功能对话框，点选"冷冻"功能，把面布版片进行冷冻（在有里布层的款式建模时通常把面布冷冻，先把里布做好再做面布）。

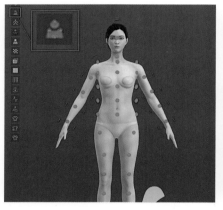

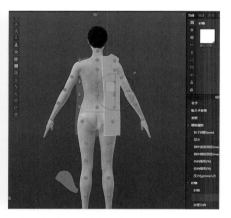

7. 在3D视窗鼠标点选"显示安排点"功能图标，使虚拟模特显示安排点（模特上蓝色的点）。

8. 选择"选择/移动"工具，在2D视窗点选里布前片版片，再在3D视窗点选虚拟模特上前中的安排点把版片安排到模特上，并通过版片的坐标轴进行位置调整。

9. 在3D视窗通过鼠标右键旋转视角（或按键盘上的数字键2、4、8、6、5），在2D视窗点选版片再点击3D视窗相应的安排点，把里布版片都安排到模特上。

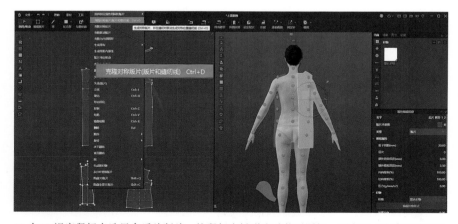

10. 在2D视窗鼠标点选里布后片版片，按鼠标右键弹出功能对话框，再点选"克隆对称版片（版片和缝纫线）"。

Style 3D
标准教程

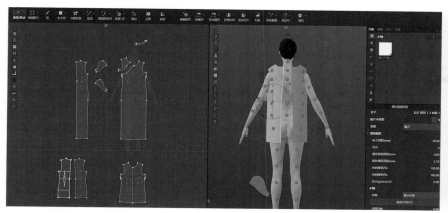
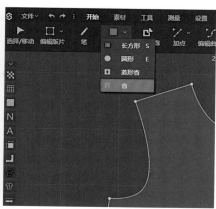

11.拖动鼠标放置在里布后片版片的另一边空白位置，单击鼠标左键生成对称版片，2D/3D窗口同步显示。

12.点选"开始栏"中的"长方形"，在弹出的子目录中选择"省"工具，在2D视窗进行省道操作。

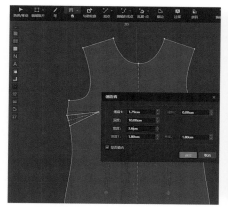
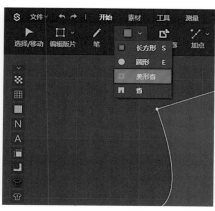
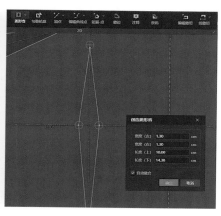

13.在2D视窗鼠标点选里布前片胸省位置边线的中间点，弹出省数值对话框后根据省的长度与宽度编辑数值，点选"是否缝合"，然后点选"确定"，把版片中省的部分挖掉并缝纫好，再完成另一边的胸省操作。

14.菱形省编辑同样在"开始栏"点选长方形，在弹出的子目录中选择"菱形省"工具，在2D视窗进行菱形省操作。

15.选择"菱形省"工具后在2D视窗点选里布前片版片腰省位置的中间点，弹出省数值对话框。根据省的长度与宽度编辑数值，再点选"自动缝合"，最后鼠标点选"确定"。

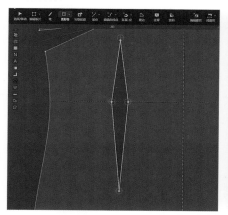
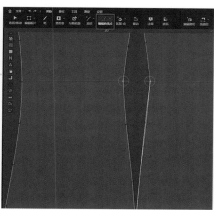
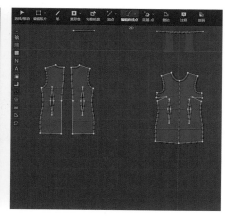

16.此时版片中省的部分已挖掉，并缝纫好。

17.再在"开始"栏中点选"编辑曲线点"工具，对菱形省的边线进行圆顺处理。

18.同样操作方法完成里布后片菱形省制作。

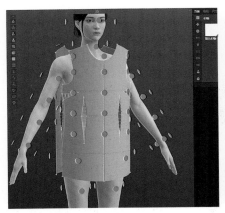

19. 检查前、后片里布省道。

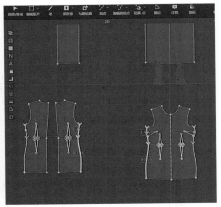

20. 选择"开始"栏中的"线缝纫"和"自由缝纫"工具，将里布前、后版片进行缝合。

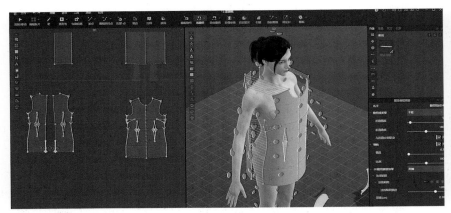

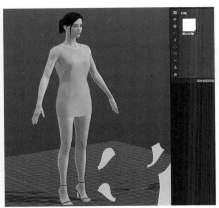

21. 在进行里布前后版片缝合时要注意：前片肩边线缝合后片肩边线，前片侧边线缝合后片侧边线，后中边线缝合后中边线，并留出装隐形拉链的位置。

22. 在菜单工具栏中鼠标点击"模拟"功能，使 3D 视窗的版片缝合在一起，并通过拉扯来调整服装。

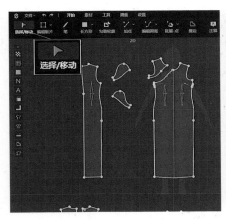

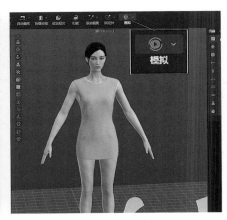

23. 选择"选择/移动"工具，在 2D 视窗框选所有版片（或按快捷键"Ctrl+A"选中所有版片）。

24. 在属性编辑视窗的"粒子间距"栏把数值调小（粒子间距即版片的三角网格大小）。

25. 再次模拟并调整服装形态。

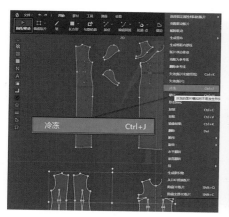

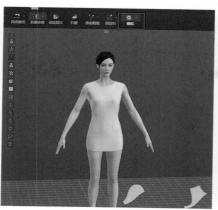

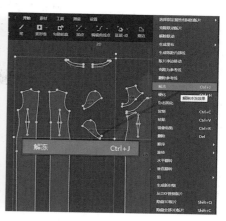

26.在2D视窗鼠标框选里布版片，并按右键弹出功能对话框，点选"冷冻"，把里布版片都进行冷冻。

27.冷冻后的版片在"模拟"状态下，在3D视窗内无法对其进行操作，且冷冻后的版片在3D视窗里显示为湖蓝色，模拟完后关闭模拟。

28.在2D视窗内鼠标框选面布版片，按鼠标右键弹出功能对话框并点选"解冻"，把冷冻的面布版片进行解冻。

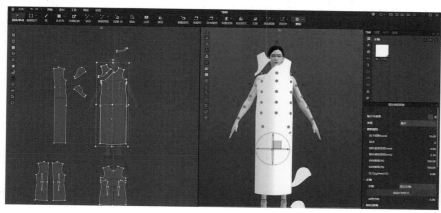

29.在3D视窗打开显示安排点，在2D视窗点选版片后再在3D视窗点击虚拟模特上的安排点，把面布版片安排到虚拟模特上，同时把所有面布版片都安排到虚拟模特上。

30.在2D视窗鼠标点选面布袖子版片，再在3D视窗点击数字"6"切换到模特右侧，然后把袖子版片安排到模特上对应的位置。

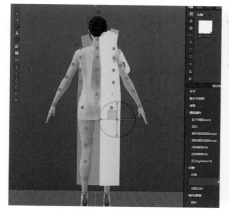

31.在2D视窗鼠标点选面布后片版片，再在3D视窗点击数字"8"，将视角切换到模特背面。鼠标点击虚拟模特上的安排点将版片安排到模特上。

32.在2D视窗鼠标点选面布后片版片，单击鼠标右键弹出功能对话框，点选"克隆对称版片（版片和缝纫线）"。

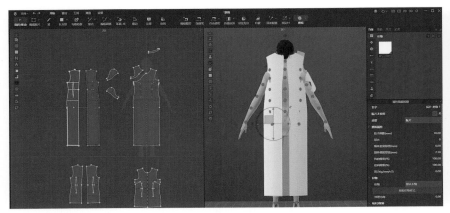

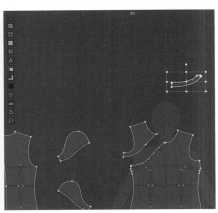

33. 然后拖动鼠标至后片版片另一边空白位置，单击鼠标左键生成对称版片。

34. 在2D视窗用"选择/移动"工具点选领子版片。

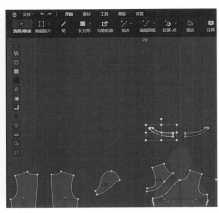

35. 再在3D视窗点击数字"6"切换到模特右侧，鼠标点击虚拟模特上的安排点，将领子版片安排到模特上对应的位置。

36. 在2D视窗鼠标点选领子版片后单击鼠标右键弹出功能对话框，点选"克隆对称版片（版片和缝纫线）"，对领子进行克隆。

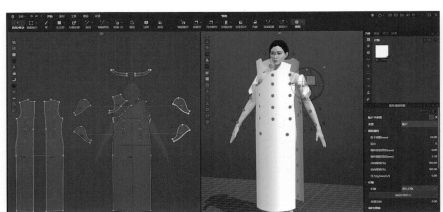

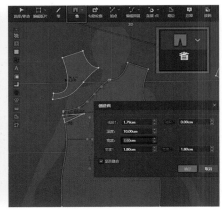

37. 同样操作把袖子版片进行对称版片克隆。

38. 先在"开始栏"点选"长方形"工具中的"省"工具，然后在2D视窗点选面布前片版片腰省位置的中间点，弹出省数值对话框，根据省的长度与宽度编辑数值，点选"自动缝合"，最后鼠标点选"确定"把版片中省的部分挖掉，并缝纫好。

Style 3D
标准教程

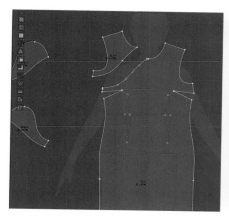

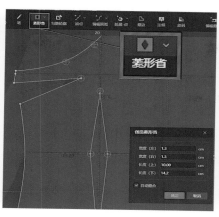

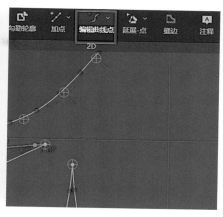

39.用"省"工具完成另一侧的胸省制作。

40.在"开始"栏的"长方形"工具中点选"菱形省"工具，在2D视窗点选面布前片版片腰省位置的中间点，弹出省数值对话框并根据省的长度与宽度编辑数值，点选"自动缝合"，最后选"确定"。

41.选择"编辑曲线点"工具对菱形省的边线进行圆顺处理。

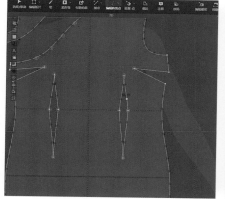

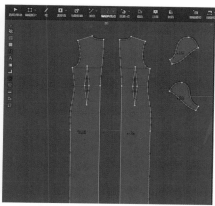

42.完成衣片另一侧菱形省制作与调整。

43.用同样操作方法完成后片版片的腰省制作与调整。

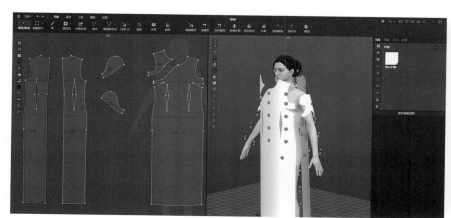

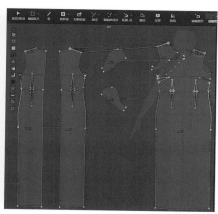

44.检查前、后片面布胸省与腰省。

45.鼠标在"开始栏"中点选"线缝纫"和"多段线缝纫"工具，把面布前片肩边线与后片肩边线、前片侧边线与后片侧边线缝合在一起。

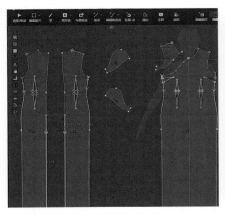

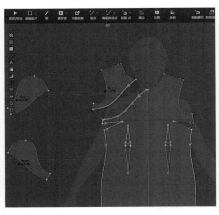

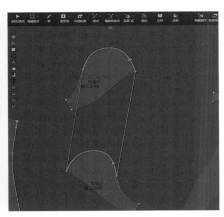

46.在缝合面布后中边线时同样留出装隐形拉链的位置。

47.选用"自由缝纫"工具，将旗袍偏襟进行缝合，同时注意方向。

48.缝合袖子前片与后片。

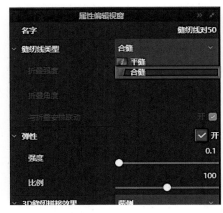

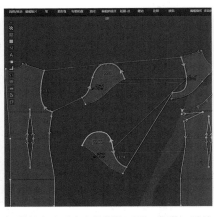

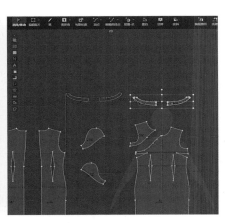

49.选择"编辑缝纫"工具后点选前、后袖子版片缝合的缝纫线，在属性编辑视窗把"缝纫线类型"改成"合缝"。

50.鼠标点选"自由缝纫"工具，把前、后袖子版片缝合到前、后版片上（前袖袖山边线缝合前片袖窿边线，后袖袖山边线缝合后片袖窿边线，最后将前、后袖子版片的底边线缝合在一起）。

51.在缝合领子时，为了方便操作，点击"开始栏"中"选择/移动"工具，将两个领子版片移至前片与后片之间的位置上。

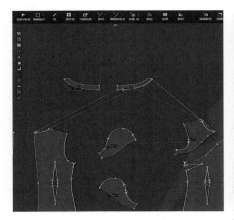

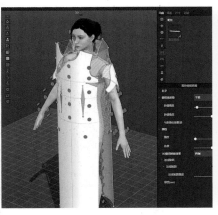

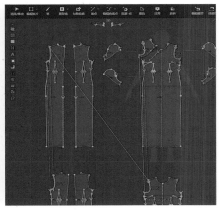

52.在"开始栏"中点选"多段线缝纫"工具，把领子与前片、后片的领围线缝合在一起。

53.在3D视窗点击鼠标右键滑动，对缝纫线进行多角度检查。

54.鼠标点选"线缝纫"和"自由缝纫"工具，把面布和里布版片的左、右袖窿边线合在一起。

Style 3D
标准教程

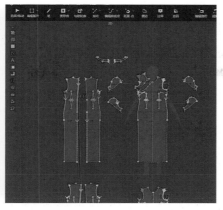

55.同时在属性编辑视窗把"缝纫线类型"改成"合缝"。

56.同样把面布和里布版片装拉链的后中边线缝合在一起,在属性编辑视窗把"缝纫线类型"改成"合缝"。

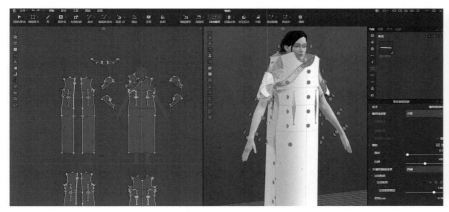

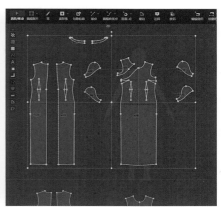

57.为了后面模拟的准确性,再次在3D视窗点击鼠标右键滑动,对缝纫线进行多角度检查。

58.选择"选择/移动"工具,在2D视窗框选面布所有版片。

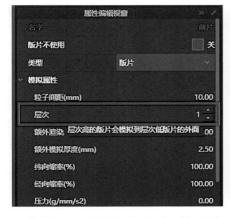

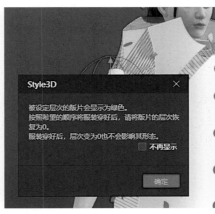

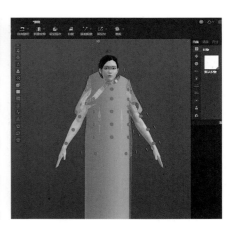

59.然后在属性编辑视窗的"层次"栏把面布版片设置为"1"层。

60.点击"确定"。

61.在3D视窗里通过颜色可以查看面布版片的层次已经设定完毕。

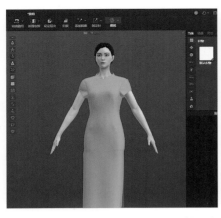
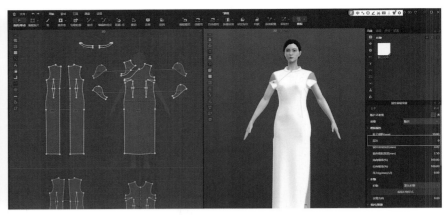

62. 鼠标点选"模拟"键进行模拟，使面布版片都缝合在一起，然后通过拉扯来整理服装。

63. 在2D视窗鼠标点选除后袖左右版片外的所有面布版片，在属性编辑视窗把"层次"改回"0"层，并拉扯调整服装。

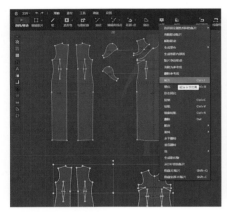
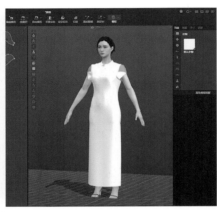

64. 在2D视窗用鼠标框选所有里布版片，按鼠标右键弹出功能对话框，点选"解冻"功能把里布版片进行解冻。

65. 鼠标点选"模拟"功能进行模拟并扯平服装。

66. 为了便于安装拉链，在3D视窗点击数字"8"切换到模特背面视角。

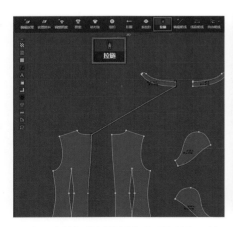
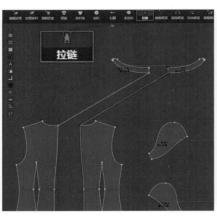

67. 在"素材"栏用鼠标点选"拉链"工具，在2D/3D视窗从领子版片后中边线最上方单击尖端点，沿着边线连续后片后中边线一直画到刀口缝合位，双击鼠标左键，生成一边的拉链线。

68. 拉链另一边同样从上到下画出拉链线，双击鼠标左键，生成拉链。

69. 点击"模拟"，即拉链左、右合在一起。

Style 3D
标准教程

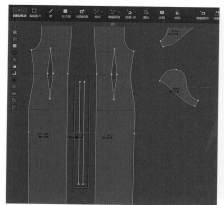

70. 在2D视窗鼠标点选拉链。

71. 在属性编辑视窗编辑拉链的"布带宽度"为"0.1cm"。

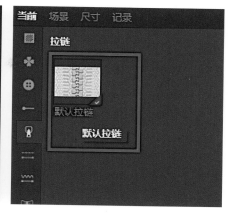

72. 在场景管理视窗中"拉链"栏用鼠标点选"默认拉链"图标。

73. 在属性编辑视窗将拉链的"拉齿贴图宽度"编辑为"0.1cm"（因为后中为隐形拉链所以要把拉链的宽度改细）。

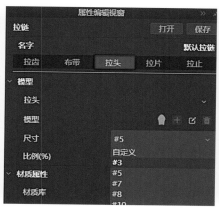

74. 在属性编辑视窗中点击"拉头"，通过"拉头"栏右边的箭头更改拉头样式，并在尺寸栏中把尺寸改为"＃3"；同样方法通过"拉片"栏右边的箭头更改拉片样式与尺寸。

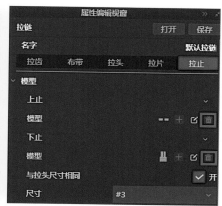

75. 通过点击"拉止"的"上止"和"下止"栏右边的"垃圾筒"图标，删除上、下拉止。

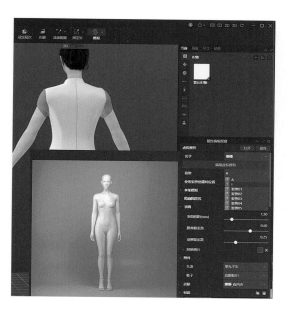

76. 拉链设置好后进行模拟，并通过拉扯来调整服装。然后进行更换虚拟模特操作：在3D视窗鼠标点选虚拟模特，再在属性编辑视窗点击"姿势"右边箭头，最后点选姿势"I"更换模特姿势。

77. 更换姿势"I"后，模特手臂渐渐放下来。

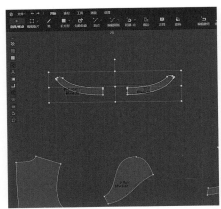

78.选用"选择／移动"工具在2D视窗点选左、右领子版片。

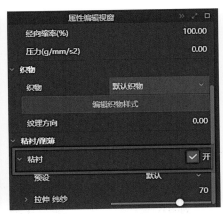

79.在属性编辑视窗"粘衬"栏用鼠标点选"开"，对领子进行粘衬处理。

80.领子进行粘衬工艺处理后，领子版片更硬挺且不易变形。

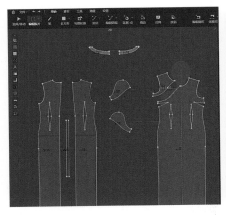

81.鼠标点选"编辑版片"工具，在2D视窗点选前、后版片的左、右袖窿边线和领口边线。

82.在属性编辑视窗的"粘衬条"栏，鼠标点选"开"对边线进行粘衬工艺处理，使边线不易被拉伸变形。

83.在3D视窗中的粉红色边线为已完成粘衬条处理的边线。

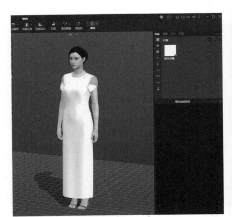

84.鼠标点选"模拟"进行查看。

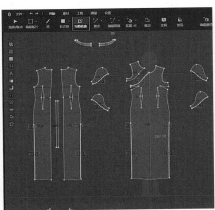

85.在"开始"栏点选"勾规轮廓"工具，然后鼠标点选前片版片的前胸基础线，左、右侧缝基础线和后片版片的侧缝基础线。

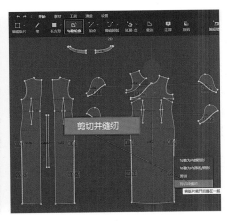

86.鼠标放置在选中的线上，按右键弹出功能对话框后点选"剪切并缝纫"。

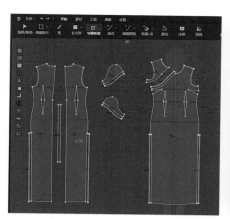

87.服装中包边捆条完成剪切并缝合工艺。

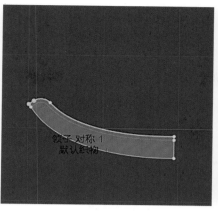

88.鼠标点选"编辑版片"工具，在2D视窗框选或点选领子上边线。

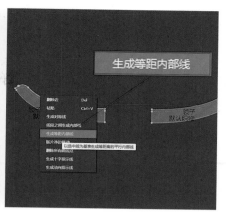

89.点选领子上边线后按鼠标右键弹出功能对话框，点选"生成等距内部线"。等弹出"内部线间距"对话框后输入间距"0.6cm"并点选"使用延伸"，最后确定生成内部线。

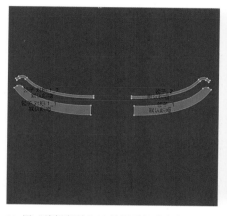

90.用"编辑版片"选择领子版片内部线，鼠标放置在选中的线上，按鼠标右键弹出功能对话框，点选"剪切并缝纫"，把领子捆条版片剪切出来。

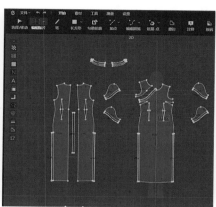

91.包边捆条版片全部完成剪切。

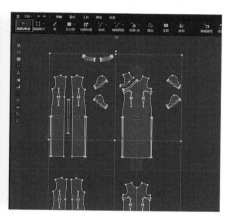

92.鼠标点选"选择/移动"工具，在2D视窗框选所有版片。

93.然后在属性编辑视窗的"额外渲染厚度"栏（即服装面料版片厚度）把数值设置为"1"。

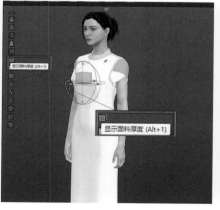

94.在3D视窗上方的悬浮菜单中，用鼠标点击"面料厚度"，使3D视窗的服装版片显示厚度。

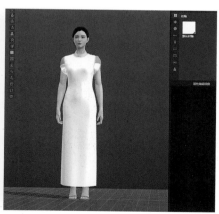

95.在3D视窗查看整体效果。

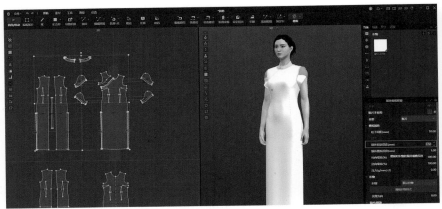

96.在2D视窗用鼠标点选所有的捆条版片,在属性编辑视窗的"额外渲染厚度"栏把数值设置为"2.5"。

97.在3D视窗的上方悬浮菜单中用鼠标点选"隐藏样式3D",把3D视窗里服装上的粘衬、层次、粘衬条等工艺颜色隐藏起来。

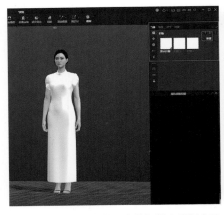
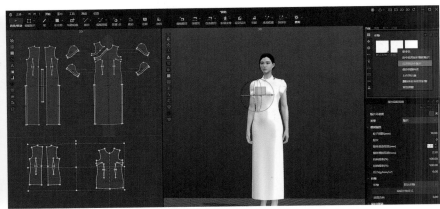

98.在场景管理视窗的"当前"栏中鼠标点选"织物"栏右边的"+",添加新的织物"织物1"和"织物2"。

99.选择"选择/移动"工具在2D视窗框选里布版片,再在场景管理视窗将鼠标放置在"当前"栏中"织物"栏的"织物1"图标上,按右键弹出对话框,点选"应用到选中版片",把"织物1"面料应用到里布上。

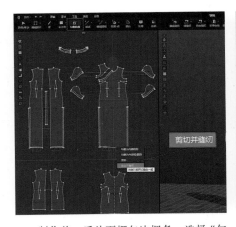

100.制作前、后片下摆包边捆条。选择"勾勒轮廓"工具,点选前、后版片的下摆基础线,同时鼠标放置在选中的线上,按右键弹出功能对话框,点选"剪切并缝纫"工具,包边捆条版片产生剪切并缝纫。

101.选用"选择/移动"工具选择服装中包边捆条版片,在场景管理视窗的"当前"中"织物"栏用鼠标点选"默认织物"图标,点击右键后点选"应用到选中版片"。并且在属性编辑视窗的"渲染类型"栏编辑面料的材质类型(在属性编辑视窗滚动鼠标滚轮或滑动属性编辑视窗,找到"物理属性"栏,设置面料的物理属性)。

Style 3D
标准教程

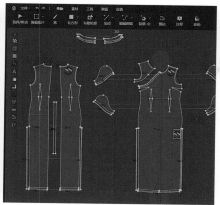

102.在场景管理视窗的"当前"栏中点选"图案"栏右边的"+",添加新的"图案1"和"图案2"。

103.在场景管理视窗鼠标左键双击"图案"栏的"默认图案"图标。在2D或3D视窗通过点击给各版片添加图案。

104.在场景管理视窗"当前"栏的"图案"中点选"默认图案"图标,在属性编辑视窗的"原始图案"栏点击"+",弹出文件窗口后找需要的图案,点击打开应用到"默认织物";同样方法添加"图案1"与"图案2"。

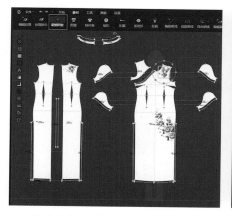

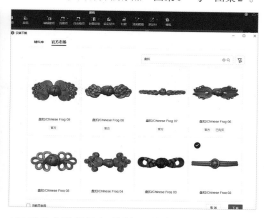

105.选用"素材"栏中"调整图案"工具,通过图案外灰色圆圈编辑图案大小和角度。用同样方法对所有图案进行调整。

106.在场景管理视窗的素材库鼠标点选"资料库"中"小云朵"图标打开在线素材库。

107.弹出在线素材库对话框,搜索"盘扣",然后点选盘扣并下载,把盘扣下载到资料库里。

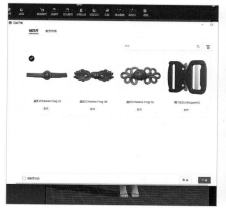

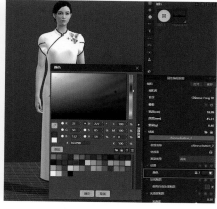

108.再从资料库下载到软件里。

109.在场景管理素材的资料库用鼠标点选辅料栏,然后将鼠标放置到所需盘扣图标上,按右键点选"添加到素材",把盘扣添加到当前服装的纽扣栏。

110.在场景管理视窗的"当前"栏点选"纽扣"栏盘扣图标,再在属性编辑视窗的"颜色"栏点击"彩色球",弹出颜色对话框后点选颜色,最后点击"确定"把颜色应用到盘扣上。

111. 在场景管理视窗的"当前"栏点选"纽扣"栏盘扣图标,同时在属性编辑视窗编辑盘扣的宽度和厚度。

112. 在"素材"栏用鼠标点选"纽扣"工具,然后在2D视窗点击捆条版片的纽扣位置,添加盘扣。同时在属性编辑视窗编辑盘扣的角度并关闭"碰撞"功能。

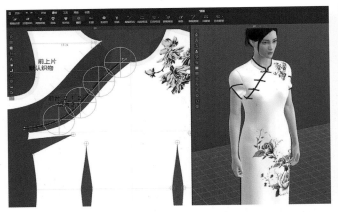
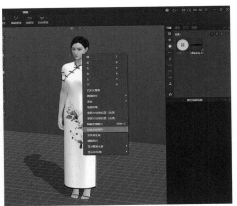

113. 用同样的操作方法添加盘扣并调整角度,可根据整体效果调整盘扣的数量。

114. 鼠标点选"选择/移动"工具,在3D视窗点选虚拟模特并按鼠标右键,待弹出功能对话框后点选"隐藏全部模特",然后点击鼠标右键并滑动,通过不同视角查看旗袍成衣效果。

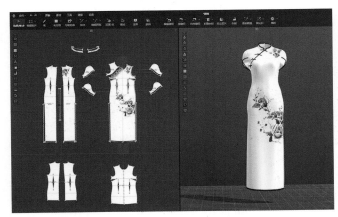
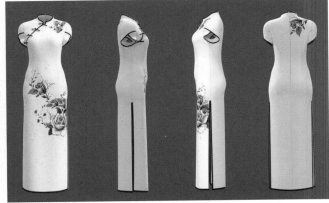

115. 点击文件栏中的"保存项目"把做好的工程文件进行保存。

116. 旗袍制作完成效果。

Style 3D
标准教程

第七节 羽绒服款式建模设计

学习目标
1. 熟练运用Style3D进行羽绒服款式建模设计及试衣操作。
2. 掌握Style3D软件进行羽绒服款式建模，通过案例讲解与练习熟练掌握添加编辑明线、生成里布层、编辑面料压力、编辑经度向缩率、编辑纬度向缩率、面料离线渲染等操作方法。

学习任务
应用Style3D进行羽绒服建模设计，要求将羽绒服的2D版片导入软件中，实现羽绒服3D款式的建模、缝纫、生成里布层、充绒模拟、模特姿势修改、面料渲染等。

内容分析
本节案例主要讲解Style3D软件登录、导入虚拟模特、导入及安排版片、缝纫并模拟、制作拉链、添加织物、添加并编辑面料压力、编辑经、纬向缩率、模特姿势修改、面料离线渲染、完成并保存等操作。

案例详解

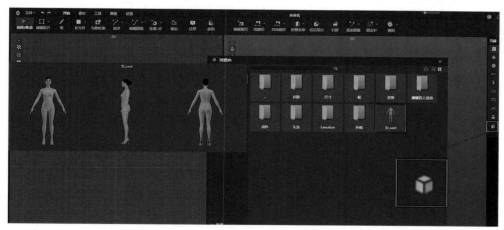

1.运行软件后打开场景管理视窗的"资源库"，进入"资源库"点击"模特"栏，再点选需要的"虚拟模特"，把"虚拟模特"添加到2D/3D视窗内。

2.点选"文件"栏的"导入"工具，再点选"导入DXF文件"，弹出文件窗口后找到需要的"女长款羽绒服"DXF版片文件，点选"打开"，弹出导入信息窗口，鼠标点选"确定"。

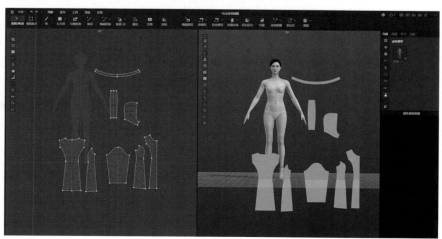

3.女长款羽绒服DXF版片文件导入软件2D视窗与3D视窗。

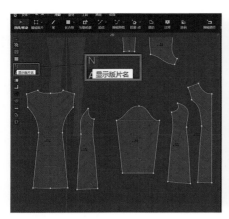
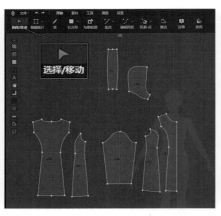
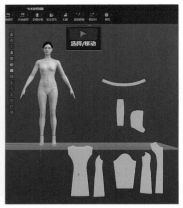

4.在2D窗口点击打开"显示版片名",以便在 2D与3D窗口安排版片。

5.在"开始"栏中点击"选择/移动"工具,并在2D窗口选择版片,然后将版片移动到人体位置上。

6.如果在3D视窗中服装版片挡住了模特,可以用"选择/移动"工具先在2D视窗中选中版片,然后再在3D视窗把版片移动至人体旁。

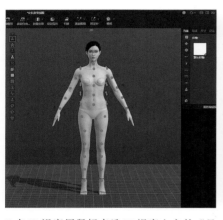
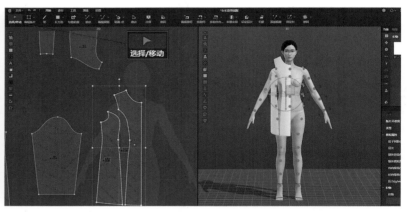

7.在3D视窗用鼠标点选3D视窗上方的"显示安排点"功能图标,使虚拟模特显示安排点以便安排版片。

8.选择"开始"栏中"选择/移动"工具,在2D视窗中框选前侧片与前中片(可以结合Shift键进行增加选择),再在3D视窗点选虚拟模特上前侧的安排点,把版片安排到模特上,并通过版片的坐标轴进行位置调整。

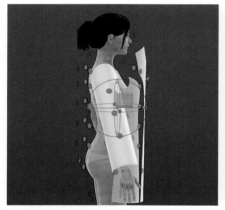
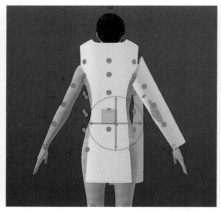

9.在3D视窗按数字键"6"将模特切换至右侧视角,然后在2D视窗点选袖子版片,最后点击3D视窗相应的安排点,把袖子版片安排到模特上。

10.按数字键"8"将视角切换到背面,把后中版片安排到模特上。

11.同样操作方法,在3D视窗把后侧版片安排到模特上,并通过版片的坐标轴进行位置调整。

Style 3D
标准教程

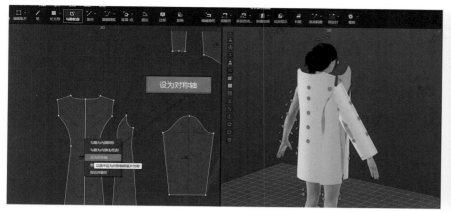
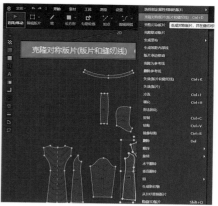

12.选择"开始"栏中"勾勒轮廓"工具,在2D窗口选择后中片的中线,将鼠标放置在后中片的中线上,点击右键,将其设为对称轴。

13.在2D视窗用鼠标点选前侧片与前中片后单击鼠标右键弹出功能对话框,点选"克隆对称版片(版片和缝纫线)",拖动鼠标并放置在里布后片版片的另一边空白位置,单击鼠标左键生成对称版片。

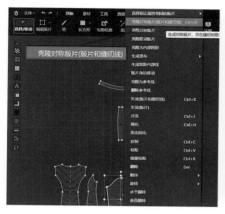

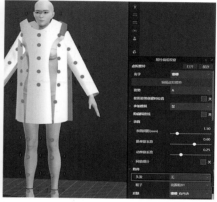

14.同样方法完成袖片与后侧片克隆。

15.衣身版片都已安排在虚拟模特上,此时可通过版片的坐标轴进行位置调整,然后准备安排帽子版片。

16.为了方便安排帽子版片,用鼠标点选模特头部,在属性编辑视窗"头发"栏中选择"无",去除虚拟模特头发。

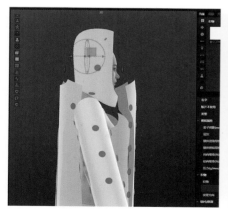
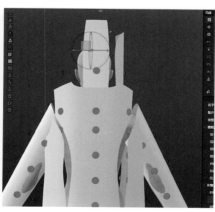

17.输入数字键"6",将视角切换到右侧,在2D视窗点选帽片后在3D视窗将其安排到模特上。

18.同样方法完成帽中版片的安排。

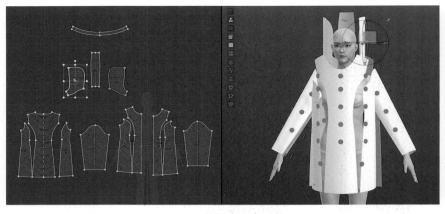
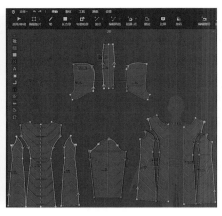

19.在2D视窗用鼠标选择帽片后点击右键弹出功能对话框,点选"克隆对称版片(版片和缝纫线)",克隆帽片的对称版片。

20.开始缝纫。在"开始"栏中用鼠标点选"线缝纫"和"多段线缝纫"工具,把衣身版片与帽子版片分别进行缝合。

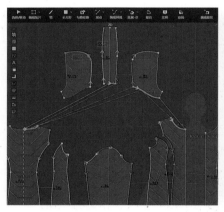
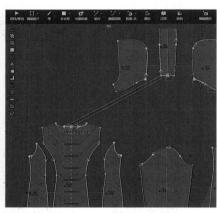
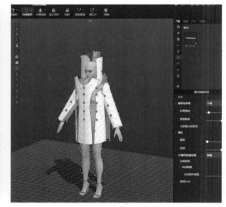

21.选用"多段线缝纫"工具将帽子版片与衣身版片进行缝合。

22.检查并补缝未进行缝纫的部位。

23.点击鼠标右键进行滑动,多角度检查缝纫线。

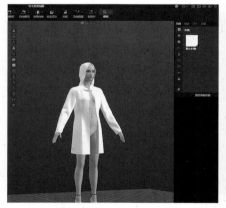
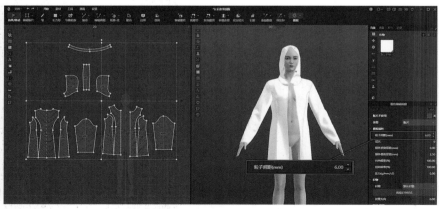

24.点选"模拟"功能进行模拟,并通过拉扯来调整缝合好的服装。

25.鼠标点选"选择/移动"工具,在2D视窗框选所有的版片,并在属性编辑视窗的"粒子间距"栏把数值改成"6"。

Style 3D
标准教程

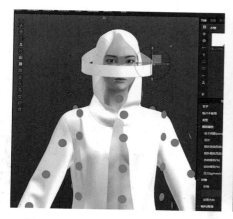

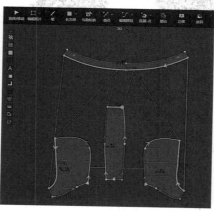

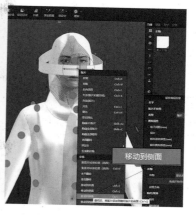

26.用"选择/移动"工具选择帽口版片,在3D视窗打开安排点后把帽口版片安排在人体头部位置。

27.在"开始"栏中选择"多段自由缝纫"工具,将帽口版片与帽子其他版片缝合在一起,同时注意缝合的方向与位置。

28.在3D视窗选择帽口版片,将鼠标放置在帽口版片上,点击右键选择"安排"中的"移动到侧面",使帽口版片贴合头部结构。

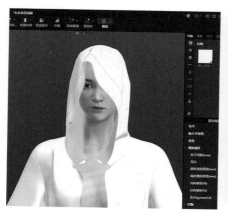

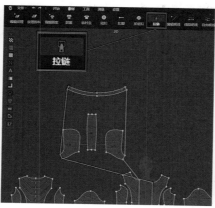

29.然后模拟,并进行调整。

30.在"素材"栏鼠标点选"拉链"工具,并在2D/3D视窗从帽口上方开始点选尖端点,沿着帽口边线到帽子边再到前中门襟边双击左键生成一边的拉链线。同样方法完成另一边拉链线制作并生成拉链。

31.在3D视窗查看拉链生成位置。

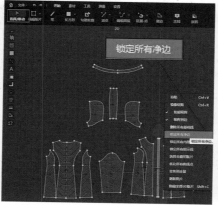

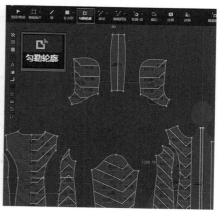

32.点选"模拟"键进行模拟,并调整服装。

33.绘制羽绒服的绗缝线。鼠标在2D视窗任意空白处单击右键,弹出对话框,选择"锁定所有净边"。

34.在"开始"栏中选择"勾勒轮廓"工具,框选所有勾勒区域版片(部分版片是通过克隆来的,所以只要框选一半版片即可)。同时按住Shift键去除版片中绗缝线以外的线条。

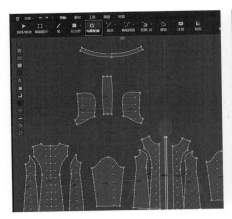

35.然后回车，羽绒服的绗缝线勾勒完成。

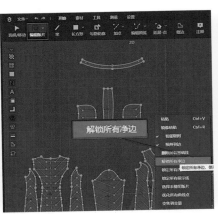

36.在2D视窗任意空白处点击鼠标右键，弹出对话框，选择"解锁所有净边"。

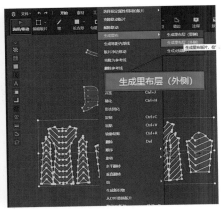

37.选择"选择/移动"工具在2D视窗选择衣身版片，点击右键，弹出对话框，选择"生成里布层（外侧）"。

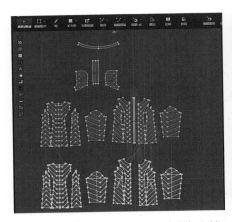

38.然后在2D视窗空白处任意点击鼠标左键，即生成里布层（外侧）。

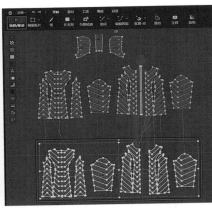

39.选择"选择/移动"工具在2D视窗框选衣身外侧版片。

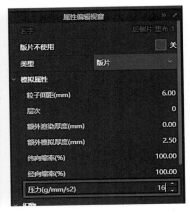

40.同时在属性编辑视窗设置压力数值为"16"。

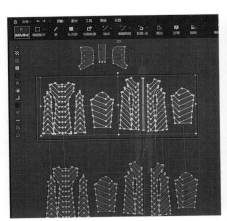

41.同样选择"选择/移动"工具在2D视窗框选衣身内侧版片。

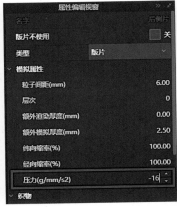

42.在属性编辑视窗设置压力数值为"-16"。

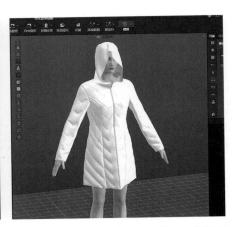

43.鼠标点选"模拟"功能进行模拟，服装产生蓬松感。

Style 3D
标准教程

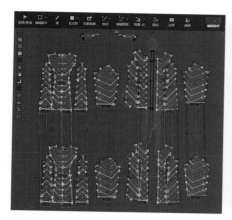
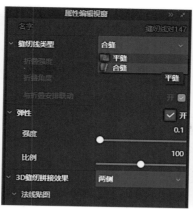
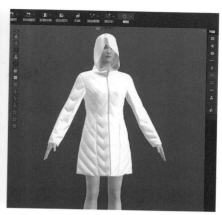

44.为使下摆与袖口更加平顺，在"开始"栏选用"编辑缝纫线"工具，按住Shift键的同时用鼠标点选服装下摆与袖口缝纫线。

45.在属性编辑视窗将"缝纫线类型"改为"合缝"。

46.再次模拟，并进行整理。

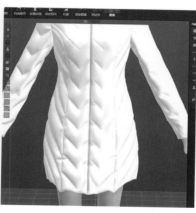
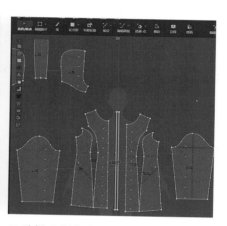

47.为使模拟面料更真实，在场景管理视窗点击"默认织物"图标，然后在属性编辑视窗查找"物理属性"中的"预设"，点击预设后的箭头，弹出不同面料的对话框，查找所需要的面料进行更改，最后进行模拟。

48.模拟后发现下摆还是不够平顺，有起翘感，因此考虑改短拉链。

49.选择"选择/移动"工具，在2D视窗选择拉链。

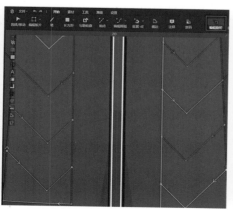
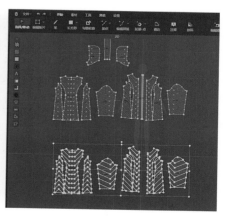

50.在属性编辑视窗把拉链的长度改成"85cm"。

51.在"开始"栏选用"编辑缝纫"工具，在2D视窗中下拉拉链缝纫线，使其与门襟缝纫线对齐。

52.为使羽绒服模拟更加真实，更改羽绒服外版片的"纬向缩率"与"经向缩率"：先选用"选择/移动"工具，在2D视窗中框选羽绒服外版片。

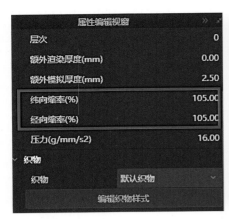

53.再在属性编辑视窗将"纬向缩率"与"经向缩率"都改为"105"。

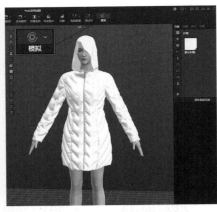

54.鼠标点选"模拟"功能，查看效果。

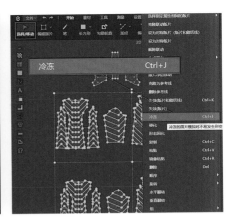

55.在2D视窗用鼠标框选羽绒服衣身版片，按鼠标右键弹出功能对话框，点选"冷冻"功能把所选择版片进行冷冻。

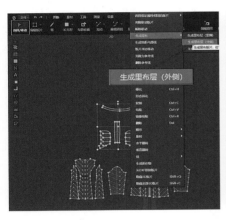

56.选用"选择/移动"工具，在2D视窗选择帽子所有版片并点击右键弹出对话框，选择"生成里布层（外侧）"。然后在空白处任意点击鼠标左键，即生成帽子里布层（外侧）。

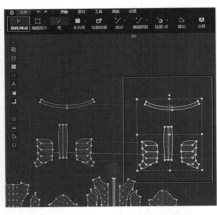

57.选用"选择/移动"工具，在2D视窗选择帽子外侧版片。

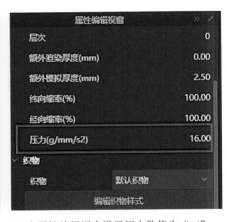

58.在属性编辑视窗设置压力数值为"16"。

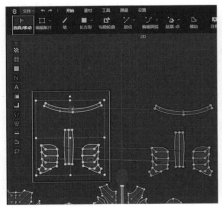

59.同样在2D视窗选择帽子内侧版片。

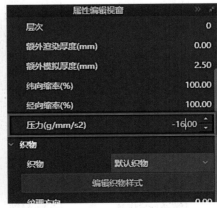

60.在属性编辑视窗设置压力数值为"-16"。

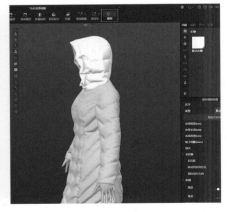

61.进行模拟，然后通过鼠标左键拖拽进行调整，使模拟服装更加平整。

Style 3D
标准教程

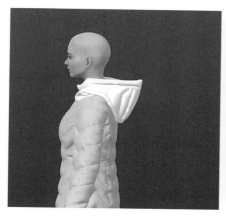

62.调整时可以把帽子从虚拟模特头上拽下来，并进行整理。

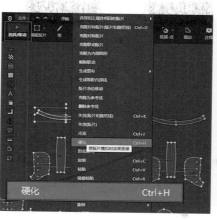

63.为使帽口有一定的硬挺度，选择帽口内侧版片点击鼠标右键，选择"硬化"功能。

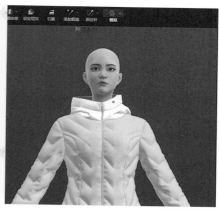

64.帽口内侧颜色产生了改变，也就意味着软件已经执行了硬化命令。

65.给虚拟模特戴上头发，点选虚拟模特头部，在属性编辑视窗点击头发位置后的箭头，进行头发样式挑选，点击并执行更换命令。

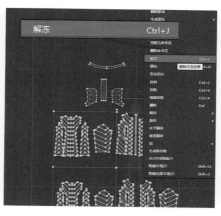

66.在2D视窗用鼠标框选羽绒服衣身版片并按鼠标右键弹出功能对话框，鼠标点选"解冻"功能，把所选择版片进行解冻。

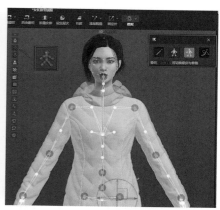

67.为更好地展示服装需对模特姿势进行更改，先在3D视窗中打开"显示骨骼"功能。

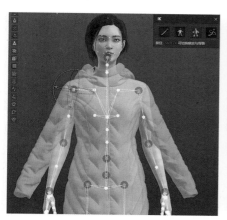

68.点击虚拟模特肩部，肩部会弹出调整坐标，进行手部姿势调整。

69.调整完成后再在3D视窗关闭"显示骨骼"功能。

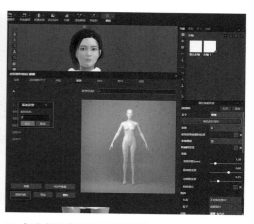

70.点选虚拟模特后在属性编辑视窗中点选"编辑虚拟模特"，弹出对话框，选择"添加当前"，把新添加的模特命名为"2"并点击"确认"。

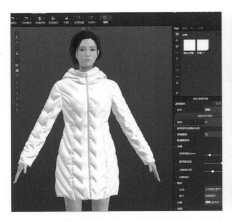

71.把虚拟模特的姿势切换回原来的姿势"A",并进行模拟。

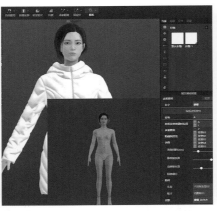

72.在模拟的状态下点选模特,在属性编辑视窗中的姿势栏选择刚才新添加姿势"2"。

73.模特缓缓地切换到更改后的姿势。

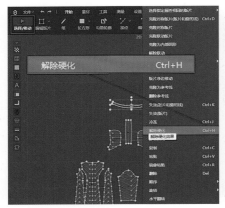

74.用"选择/移动"工具,选择帽口内侧版片,点击右键弹出对话框,选择"解除硬化"。

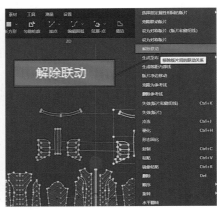

75.为使帽子内、外侧版片能够单独编辑,选择帽子所有外片,点击右键弹出对话框,选择"解除联动"。

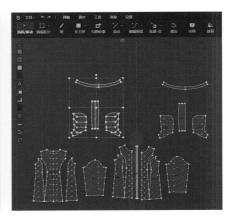

76.选用"选择/移动"工具,框选帽子内侧版片。

77.在场景视窗中选择新增"织物1",点击鼠标右键选择"应用到选中版片",把"织物1"添加到帽子内侧版片中。

78.进行模拟,并调整与检查。

Style 3D
标准教程

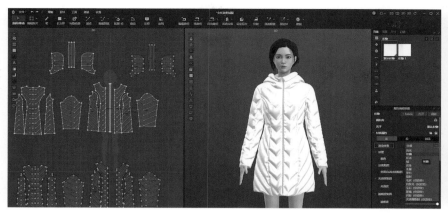

79.给面料添加渲染类型，先在场景视窗点选"默认织物"图标，然后在属性编辑视窗的"渲染类型"中点选"丝绸"效果。

80.在场景管理视窗鼠标左键双击"图案"栏的"默认图案"小图标。

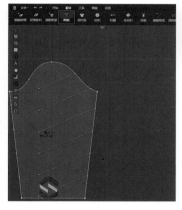

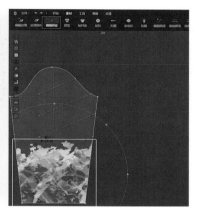

81.在2D或3D视窗中在要生成图案的版片上进行点击，即添加图案。

82.在场景管理视窗"当前"栏的"图案"中点选"默认图案"图标，并在属性编辑视窗的"原始图案"栏点击"+"，弹出文件窗口，找到需要的图案并单击打开应用到"默认织物"。

83.选用"素材"栏中"调整图案"工具，通过图案外灰色圆圈对图案的大小与角度进行调整。

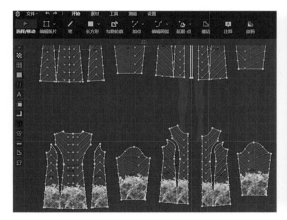

84.同样方法对衣身所有图案进行添加与调整。

85.完成编辑后进行模拟，并查看整体效果。

86.在3D视窗中放大，会发现绗缝位置有马赛克，所以要进行缝纫线法线删除处理。

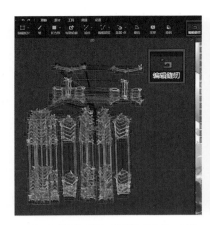
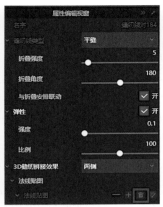

87.在"开始"栏选"编辑缝纫"工具，框选所有版片。

88.在属性编辑视窗的"法线贴图"栏中点击删除图标，删除法线贴图。

89.增加绗缝线。首先在场景管理视窗点击"默认明线"小图标，然后在属性编辑视窗中改明线宽度为"0.08cm"，到边距为"0"，针距为"0.3cm"；还可以通过"颜色"中的色彩球更改明线颜色。

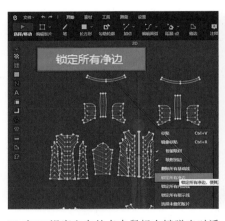
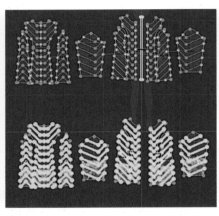
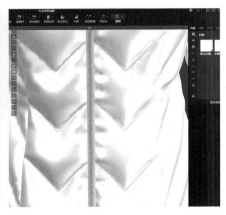

90.在2D视窗空白处点击鼠标右键弹出对话框，点选"锁定所有净边"。

91.在"素材"栏选择"线段明线"工具，框选帽子外版片与衣身外版片，给羽绒服帽子与衣身制作明线。

92.通过模拟，在3D视窗放大服装，发现绗缝线已经制作完毕。

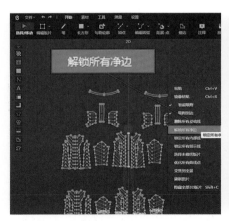
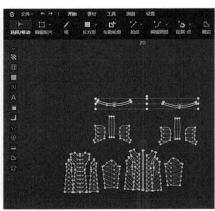

93.在2D视窗空白处点击鼠标右键弹出对话框，点选"解锁所有净边"。

94.同时选用"选择/移动"工具，在2D视窗框选帽口内版片与外版片。

95.然后在场景视窗点选"织物2"图标，点击鼠标右键弹出对话框，点选"应用到选中版片"。

Style3D
标准教程

96.在场景视窗点选"织物2"图标，同时在"工具"栏点选"离线渲染"工具。

97.在离线渲染窗口点击"渲染图片属性"，然后在属性编辑视窗修改图片尺寸。

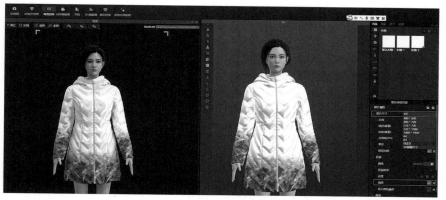

98.在属性编辑视窗修改"图片尺寸"为"A4"，同时在"背景"中勾选"透明"，然后点击"同步"，开始渲染。

99.在场景视窗点选"织物2"图标，同时在属性编辑视窗"渲染类型"中点选"毛皮（仅渲染）"功能。

100.鼠标在属性编辑视窗向下滚动，在"毛发预设"中选择"狐狸皮"毛发类型。

101.同时在场景视窗中"颜色"中点选色彩球，更改所渲染皮毛色彩。

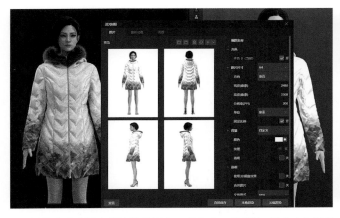 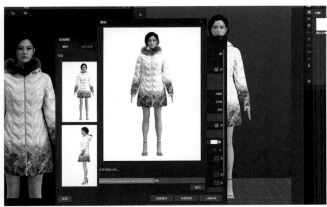

102.渲染完成后导出所渲染的图片，点击"3D快照"，弹出4个角度的渲染图像，选择本地渲染。

103.渲染时间通常较长，因电脑配置的不同，所以渲染的时间也有所不同。

104.渲染好的4个角度的羽绒服。

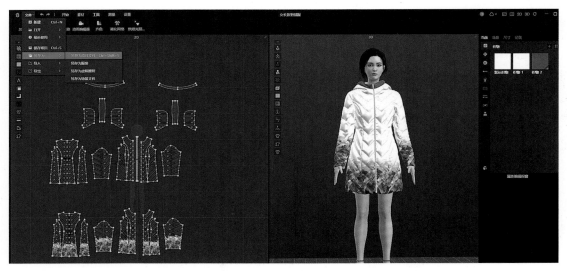

105.点击"文件"栏中的"保存项目"，把做好的工程文件进行保存，女长款羽绒服制作完成。

Style 3D
标准教程

第八节　塔克褶连衣裙款式建模设计

学习目标
1. 熟练运用Style3D进行塔克褶连衣裙建模设计及试衣操作。
2. 掌握Style3D软件塔克褶连衣裙建模，通过案例学习，熟练掌握塔克褶处理、松紧腰节制作、裙摆版片安排、伞褶制作等操作方法。

学习任务　应用Style3D进行塔克褶连衣裙建模设计，要求将塔克褶连衣裙的2D版片导入软件中，实现塔克褶制作、缝纫并模拟、松紧腰节制作、裙摆版片安排、伞褶制作、领口处理、添加织物等。

内容分析　本节案例主要讲解Style3D软件登录、导入虚拟模特、导入版片、安排版片、塔克褶制作、缝纫并模拟、松紧腰节制作、裙摆版片安排、伞褶制作、领口处理、添加织物、完成并保存等操作。

案例详解

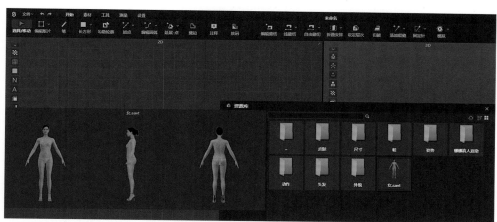

1.打开软件，在场景管理视窗的"当前"栏点击"资源库"，进入"资源"后点击"虚拟模特"栏，点选需要的"虚拟模特"，界面弹出窗口后，点击"确定"，把"虚拟模特"添加到2D/3D视窗里。

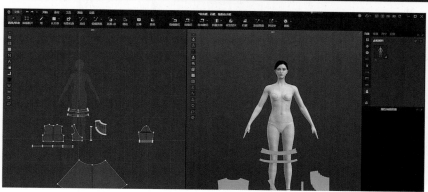

2.在菜单工具栏用鼠标点选"文件"栏的"导入"工具，弹出功能小窗口后，点选"导入DXF文件"，将"塔克褶，百褶，橡筋连衣裙.DXF"版片文件导入2D/3D视窗内。

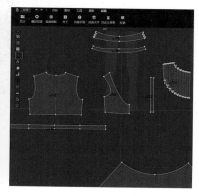

3.在2D视窗内鼠标点选视窗上面的"显示版片名称"图标，使版片的名称显示在2D视窗里。

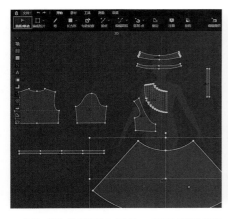
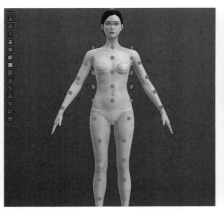
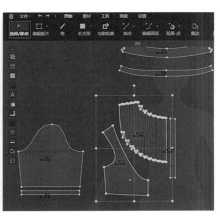

4.点选"选择/移动"工具，在2D视窗点选版片并按住鼠标左键对版片进行拖动，根据版片之间的缝纫关系对版片进行重新排列。

5.在3D视窗用鼠标点选3D视窗上方的"显示安排点"功能图标，使虚拟模特显示安排点（即模特上蓝色的点）。

6.点选"选择/移动"工具，框选两个前上片。

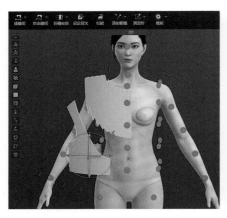
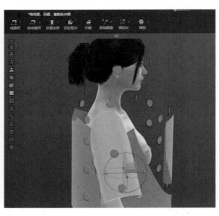

7.再在3D视窗点选虚拟模特上的安排点把版片安排到模特上，并通过版片的坐标轴进行位置调整。

8.在3D视窗通过按住鼠标右键旋转模特来切换视角，并在2D视窗点选版片，再点击3D视窗相应的安排点，把后上半身版片和袖子版片安排到模特上。

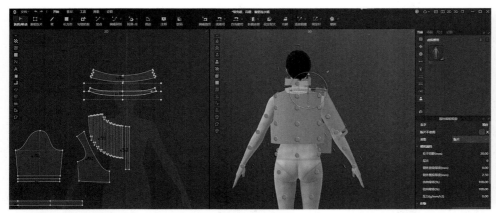

9.把视角切换到背面，把领子及领座版片都安排到模特上。

10.安排好领子及领座版片后，通过版片的坐标轴进行位置调整。

Style 3D
标准教程

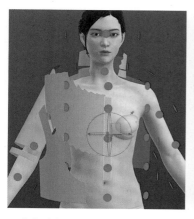
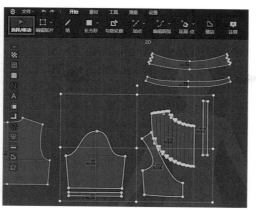

11.把视角切换到正面，同时把门襟版片都安排到模特上。

12.选择"选择/移动"工具，在2D视窗点选前片版片、袖子版片和门襟版片。

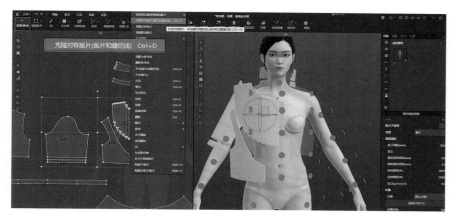

13.然后点击鼠标右键弹出功能对话框，点选"克隆对称版片（版片和缝纫线）"。

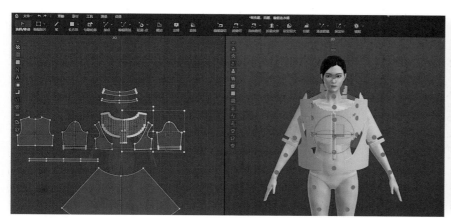
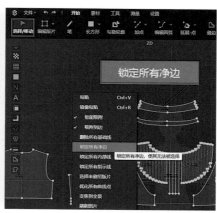

14.拖动鼠标并将其放在前片版片、袖子版片和门襟版片另一边的空白位置，单击鼠标左键生成对称版片。

15.点选"选择/移动"工具，在2D视窗将鼠标放在空白的位置，按鼠标右键弹出功能对话框，点选"锁定所有净边"（使2D视窗里所有版片的净边无法进行选中和操作）。

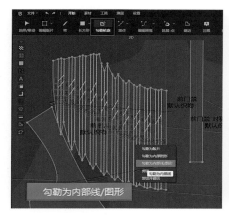

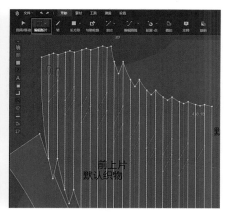

16.在"开始"栏中点选"勾勒轮廓"工具，并在2D视窗从右至左框选前上片版片内基础线，将鼠标放在选中的版片上，点击右键弹出功能对话框，点选"勾勒为内部线"功能，即把基础线转换成内部线。

17.点选"选择/移动"工具，在2D视窗将鼠标放在空白位置，点击右键弹出功能对话框，点选"解锁所有净边"（使2D视窗里所有版片的净边解除锁定）。

18.选择"编辑版片"工具，在2D视窗点选前上片版片褶内部线，注意中间褶线不要点选。

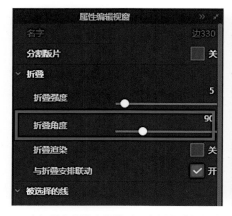

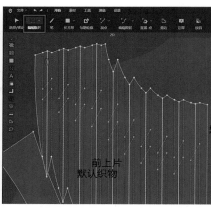

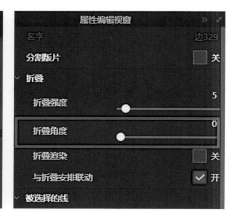

19.选好所有的褶内部线后，在属性编辑视窗把"折叠角度"设置为"90"。

20.同样选择"编辑版片"工具，在2D视窗中点选前上片版片内部线褶线的中间褶线。

21.选好所有的褶内部线中间褶线后，在属性编辑视窗把"折叠角度"设置为"0"。

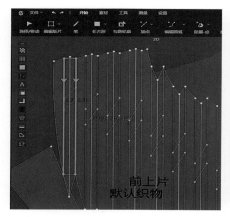

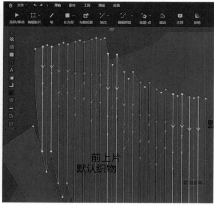

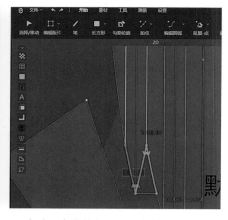

22.选择"线缝纫"工具，在2D视窗缝合邻近褶折线（跳过中间线）。

23.用同样的方法把所有褶的褶折线进行缝合。

24.点选"自由缝纫"工具把前上片版片的褶边线缝合起来。先从中间的褶折线点向两边缝纫，再从里（右）边的褶折线点向两边缝纫。

Style 3D
标准教程

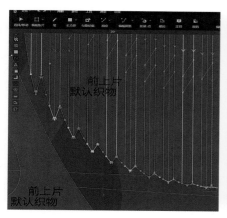

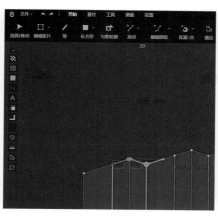

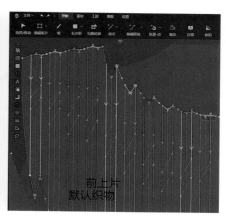

25.用同样的方法把前上片版片下边线的褶边线都进行缝合。

26.前上片版片上边线的褶边线缝合方法与下边线缝合方法相同。

27.用同样方法把前上片版片上边线的褶边线都缝合起来。

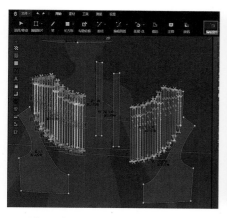

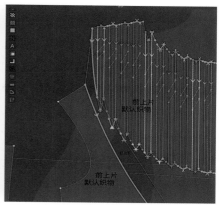

28.选择"编辑缝纫"工具,在2D视窗框选前上片所有缝纫线。

29.在属性编辑视窗把"缝纫线类型"改成"合缝"。

30.点选"多段自由缝纫"工具,在2D视窗把前上片版片缝合到前片的边线上,先画一边缝纫线,画好后按键盘上的回车键进行确定,再画另一边缝纫线。

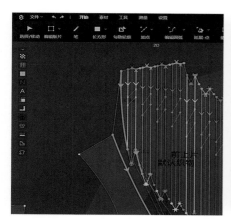

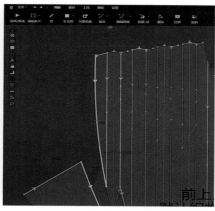

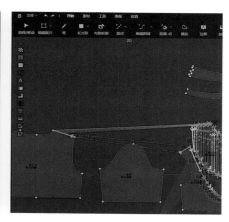

31.待另一边缝纫线最终都画好后同样按回车键,生成缝纫线(注意:在缝纫时要跳过褶位)。

32.点选"多段自由缝纫"工具,把前后肩边线缝合在一起,先画前片肩线与上边线的褶边线,回车确认为一边缝纫线(注意:在缝纫上边线的褶边线时同样要跳过褶位)。

33.再画后片肩线为另一边缝纫线,回车确认,同样要注意方向不要产生交叉。

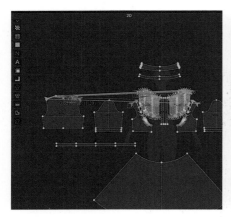

34.用这个方法缝合好左、右两边的前后片肩边线。

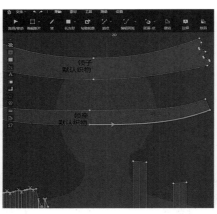

35.选用"多段自由缝纫"工具，将领座版片下边线与前、后片版片及门襟版片的领口边线进行缝合。先画领座版片下边线（一半下边线即可），回车确认。

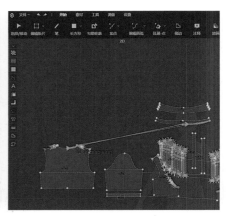

36.画后片版片领围线（一半后片领围线即可）。

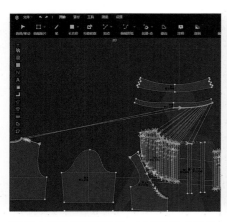

37.画上边线领围褶边线，回车确认（注意：要跳过褶位）。

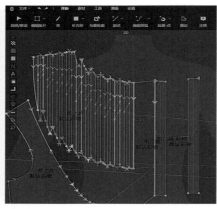

38.同样方法点选"多段自由缝纫"工具，将前门襟版片与上、下前上片进行缝合。

39.选择"勾勒轮廓"工具，在2D视窗点选门襟版片的内基础线，然后点击鼠标右键弹出功能对话框，点选"勾勒位内部线"，把基础线转换为内部线。

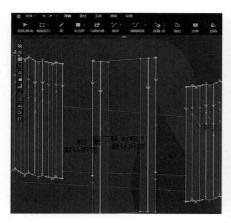

40.再选择"线缝纫"工具，点选左、右门襟版片的内部线，将左、右门襟缝合在一起。

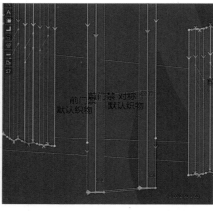

41.同样对左、右门襟版片下端进行缝纫。

42.在3D视窗按住鼠标右键滑动，通过不同视角对缝纫线进行检查。

Style 3D
标准教程

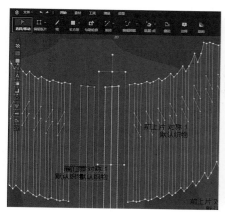

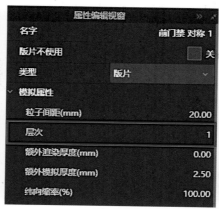

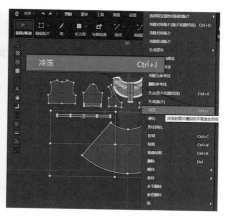

43.用鼠标点选"选择/移动"工具，选择一边的门襟版片。

44.在属性编辑视窗的"层次"栏把层次设置为"1"层。

45.选择腰节版片与下片版片，点击鼠标右键选择"冷冻"。

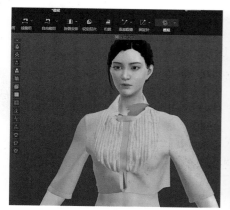

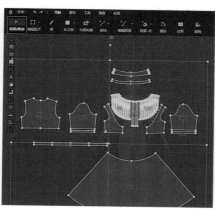

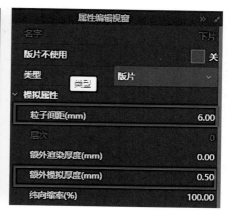

46.点选"模拟"功能进行模拟。

47.在2D视窗框选所有版片（或按快捷键"Ctrl+A"选中所有版片）。

48.在属性编辑视窗的"粒子间距"栏把粒子间距数值编辑为"6"，在"增加模拟厚度"栏把数值编辑为"0.5"。

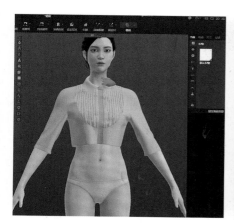

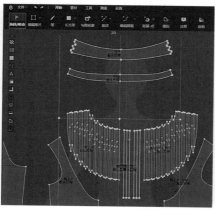

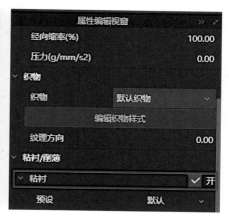

49.用鼠标再次点击"模拟"功能键进行模拟，并对模拟服装进行调整。

50.在2D视窗用鼠标点选左、右门襟版片、领子及领座版片。

51.在属性编辑视窗的"粘衬"栏，用鼠标点选"开"，对所选版片进行粘衬处理。

52.为了更好地调整塔克褶，在模拟状态下把领子调整到竖立状态。

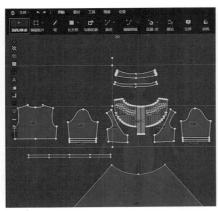

53.为了方便拉扯前上片的塔克褶，在2D视窗用鼠标点选除前上片的塔克褶版片以外的其他版片。

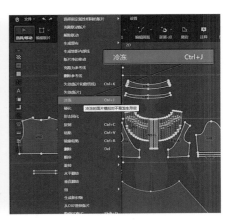

54.将鼠标放在选中的版片上，点击右键弹出功能对话框，点选"冷冻"功能，把版片进行冷冻。

55.用鼠标点选"模拟"进行模拟，在3D视窗打开"显示内部线"功能，使3D视窗的服装版片显示内部线。在模拟状态下通过按住鼠标左键对褶的"0"度线进行拉扯，把它拉到外面形成塔克褶。

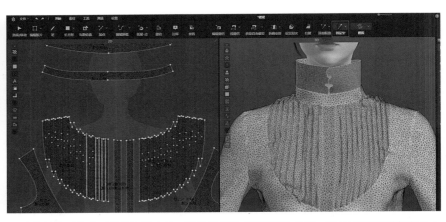

56.在拉扯的过程中可以添加固定针，用鼠标点选"固定针"工具，在2D视窗的前褶版片上用鼠标双击褶折线上任意一点对整条线进行固定（注意：不要选中"0"度线，拉扯时添加固定针的位置不会被拉动），然后再去拉扯"0"度线。

57.通过添加固定针的方法，把所有褶的"0"度线都拉扯出来。

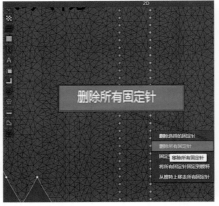

58.褶调整完成后选择"选择/移动"工具，在2D视窗点选任意固定针，点击鼠标右键弹出功能对话框，点选"删除所有固定针"，然后再进行模拟。

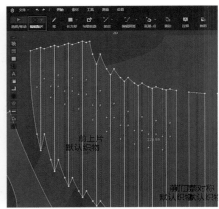

59.点选"编辑版片"工具后，在2D视窗点选塔克褶版片中所有褶中线，即"0"度线。

Style 3D
标准教程

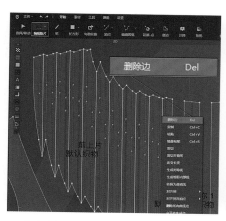

60.点击鼠标右键弹出功能对话框，然后点选
"删除边"（或按Delete键进行删除），形成塔
克褶。

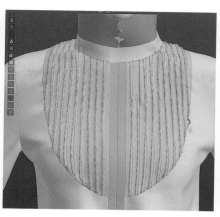

61.鼠标点击"模拟"功能进行模拟。

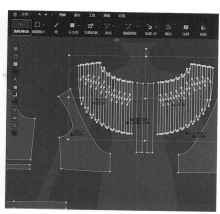

62.在2D视窗中用鼠标点选左、右塔克褶版片。

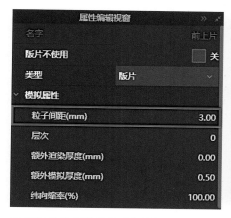

63.在属性编辑视窗把"粒子间距"编辑为
"3"，使塔克褶版片的三角网格更小，效果
更细腻，然后再次进行模拟。

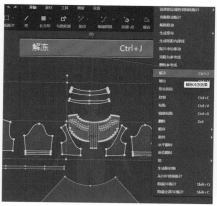

64.在2D视窗选择除前上片的塔克褶版片以
外的所有版片，然后将鼠标放在所选版片
上，点击右键弹出功能对话框，点选"解
冻"，把冷冻的版片进行解冻。

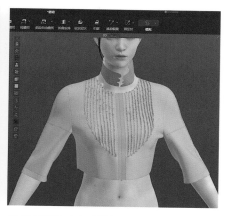

65.鼠标再次点击"模拟"功能，并进行拉扯
调整。

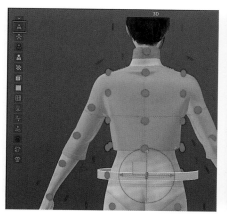

66.打开"显示安排点"功能，先在2D视窗
点选腰节版片，然后在3D视窗点击模特上的
安排点，把腰节版片安排到模特上。

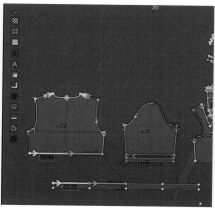

67.点选"自由缝纫"工具下的"多段自由缝
纫"工具，在2D视窗先把腰节版片缝合到后
上片版片上。

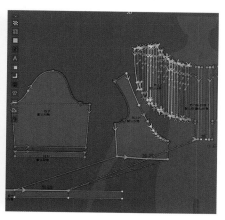

68.然后将腰节版片与右前上片、门襟下线的
一半位置进行缝合。

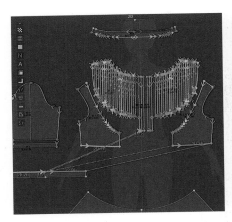

69. 再将腰节版片剩下的位置与左前上片、门襟下线的另一半位置进行缝合。

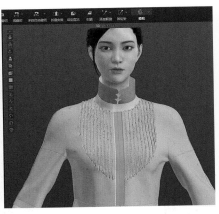

70. 鼠标点选"线缝纫"工具，将腰节版片的两头边线进行缝合，然后进行模拟。

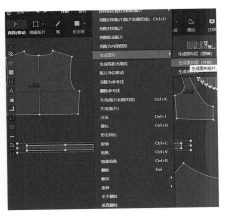

71. 选择"选择/移动"工具，在2D视窗点选腰节版片后点击右键弹出功能对话框，再点选"生成里布层（外侧）"生成腰节版片联动外层版片。

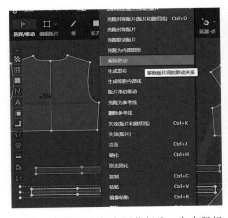

72. 在2D视窗选择任意腰节版片，点击鼠标右键弹出功能对话框，再点选"解除联动"，使里、外腰节版片解除联动。

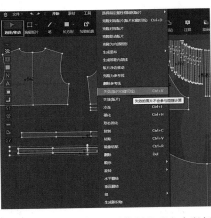

73. 在2D视窗点选外层腰节版片后点击鼠标右键弹出对话框，点选"失效（版片和缝纫线）"功能，使外层腰节版片在3D视窗里失效，即不参与模拟。

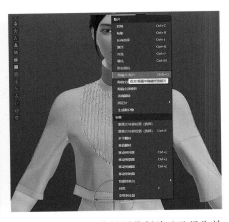

74. 在3D视窗点选外层腰节版片（已经失效的版片），按鼠标右键弹出对话框，点选"隐藏3D版片"功能，把失效的版片隐藏起来。

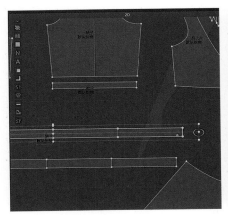

75. 选择"选择/移动"工具，在2D视窗点选里层（原始）腰节版片，通过选中版片外面的田字格左、右两边中间的白色点，并按住鼠标左键进行拖动来实现版片缩放。

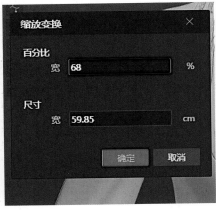

76. 在拖动的过程按鼠标右键弹出缩放数值对话框，输入百分比为"68"，点击"确定"，改短里层腰节尺寸。

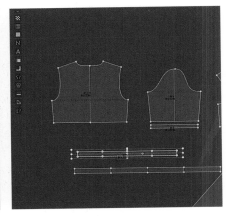

77. 在2D视窗用鼠标点选里层腰节版片。

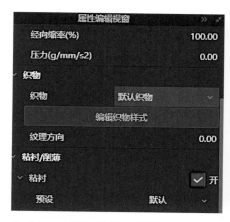

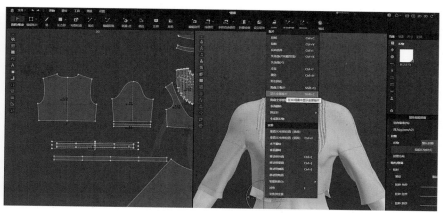

78. 为使所选版片硬挺及不易被拉伸变形，在属性编辑视窗的"粘衬"栏勾选"开"，对里层腰节版片进行粘衬处理。

79. 在3D视窗鼠标点选任意版片并点击鼠标右键弹出功能对话框，点选"显示全部版片"，把隐藏的版片显示出来。

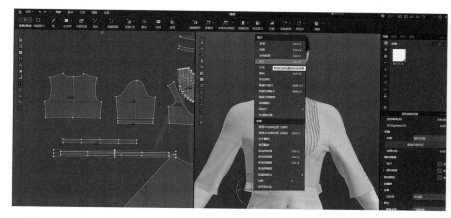

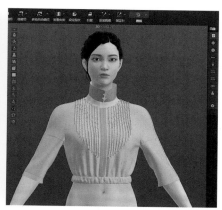

80. 在2D/3D视窗点选外腰节版片并按鼠标右键弹出功能对话框，点选"激活"把外腰节版片激活，即使其参与模拟。

81. 点击"模拟"功能键进行模拟。

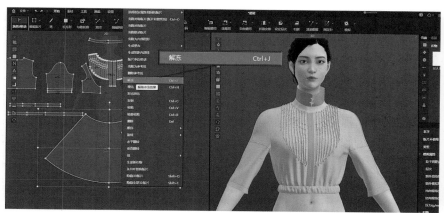

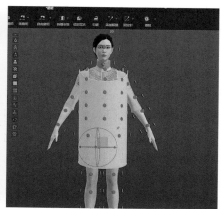

82. 点选"选择/移动"工具，选择下片版片，然后点击鼠标右键选择"解冻"。

83. 在3D视窗打开"显示安排点"功能后，在2D视窗点选下片版片，再在3D视窗点击安排点，把下片版片安排到模特上。

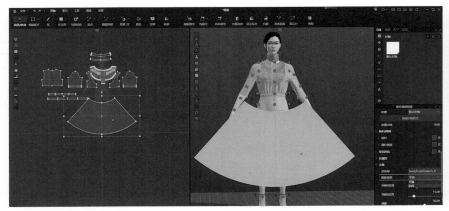
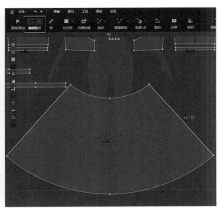

84.在属性编辑视窗的"安排"栏中把"曲面"改为"平面",并通过版片坐标轴调整位置。

85.选择"编辑版片"功能并在2D视窗点选下片版片左、右边线。

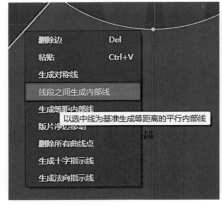

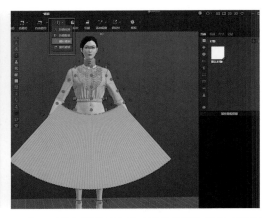

86.将鼠标放在选中的边线上,单击鼠标右键弹出功能对话框,点选"线段之间生成内部线"。

87.弹出内部线数值对话框,设置内部线的数量为"66"。

88.在"开始"栏鼠标点选"折叠安排"下的"翻折褶裥"工具。

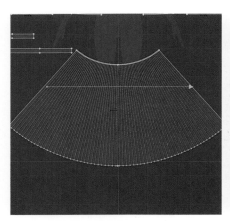
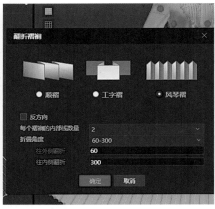
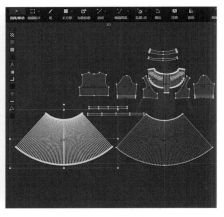

89.在2D视窗内,用鼠标左键单击下片版片内第一条内部线后将其拖动至最后一条内部线,然后双击鼠标左键。

90.待弹出翻折褶裥的褶样式和角度设置对话框后,点选"风琴褶",同时点选角度"60-300",最后点选"确定"。

91.选择"选择/移动"工具点选下片版片,按快捷键"Ctrl+C"复制,再按快捷键"Ctrl+V"粘贴,生成后下片版片。

Style 3D
标准教程

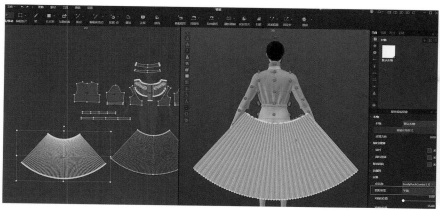

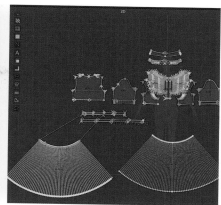

92.先在2D视窗点选复制出的下版片，再在3D视窗把选中的版片安排在模特上，同时在属性编辑视窗"安排"栏把"曲面"改为"平面"，并通过版片的坐标轴调整位置。

93.点选"线缝纫"工具和"自由缝纫"工具，把前、后下片版片缝合到里层腰节版片上。

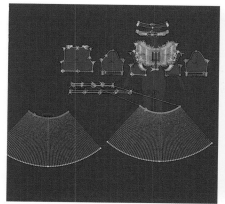

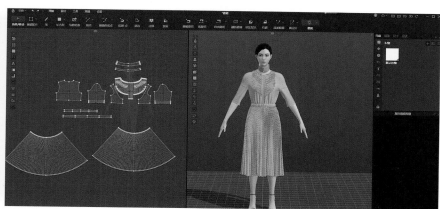

94.同时把前、后下片版片缝合在一起。

95.然后进行模拟。

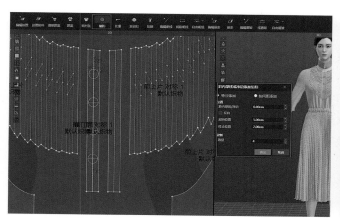

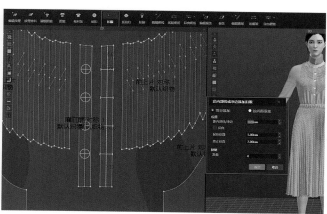

96.在"素材"栏中用鼠标点选"纽扣"工具，然后点选右门襟版片的内部线，按鼠标右键弹出"纽扣"数值对话框，编辑"距内部线"为"0"，"起始位置"为"5"，"终止位置"为"7"，纽扣"数量"为"4"，最后点"确定"，添加纽扣。

97.在"素材"栏中点选"扣眼"工具，然后点选左门襟版片的内部线，按鼠标右键弹出"扣眼"数值对话框，同样编辑"距内部线"为"0"，"起始位置"为"5"，"终止位置"为"7"，"数量"为"4"，最后点"确定"，添加扣眼。

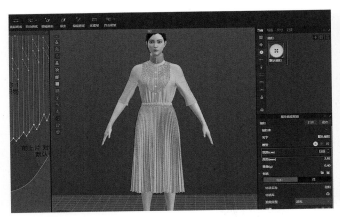
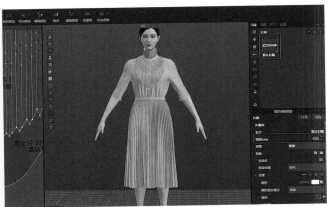

98.在场景管理视窗的"当前"栏，用鼠标点选"纽扣"栏中"默认纽扣"图标，再在属性编辑视窗中将"宽度"设置为"1cm"。

99.然后在场景管理视窗的"当前"栏，用鼠标点选"扣眼"栏的"默认扣眼"图标，再在属性编辑视窗的"扣眼库"点选扣眼样式，并将"宽度"设置为"1.5cm"。

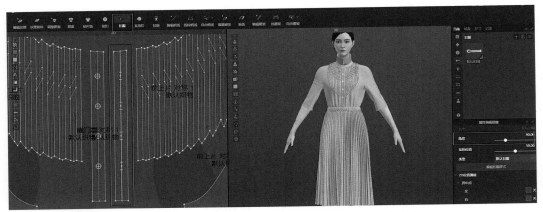

100.点选素材栏中"扣眼"工具，在2D视窗框选门襟所有扣眼，再在属性编辑视窗"角度"栏编辑角度为"90"度。

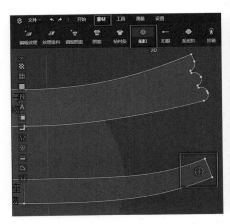
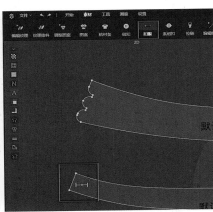
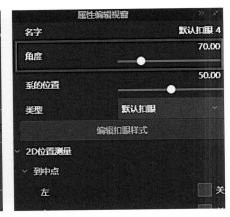

101.在"素材"栏鼠标点选"纽扣"工具，给领座添加纽扣。

102.点选"扣眼"工具，给领座添加扣眼。

103.在属性编辑视窗把"扣眼"角度旋转设置为"70"度。

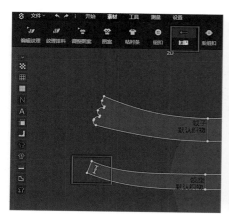

104.使"扣眼"几乎与边线平行。

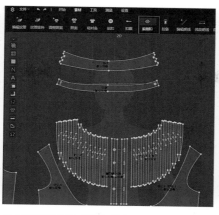

105.用鼠标点选素材"栏中"系纽扣"工具,在2D/3D视窗中先点击纽扣再点击扣眼,把纽扣和扣眼系起来。

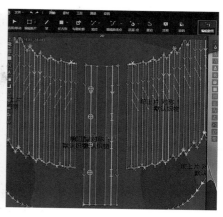

106.用鼠标点选"开始"栏中的"编辑缝纫"工具,在2D视窗中点选门襟版片内部线的缝纫线。

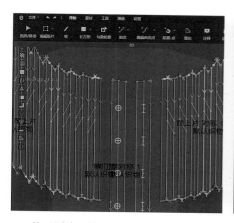

107.按"删除"键,把左、右门襟内部线的缝纫线删除,使左、右门襟扣在一起。

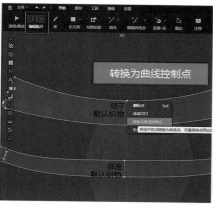

108.鼠标点选"编辑版片"工具,再在2D视窗点选领子边线中间的端点,然后单击鼠标右键,选择"转换为曲线控制点"。

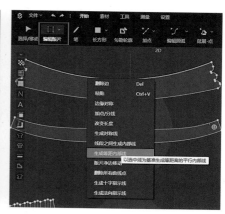

109.用"编辑版片"工具点选领子的边线,再点击鼠标右键弹出功能对话框,选"生成等距内部线"。待弹出等距内部线数值对话框后设置间距为"0.2",扩张数量为"3"并勾选"使用延伸",最后点击"确定",即生成内部线。

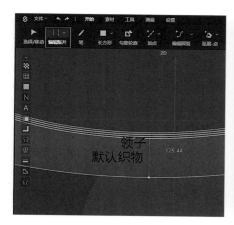

110.用"编辑版片"工具,框选领子三条内部线。

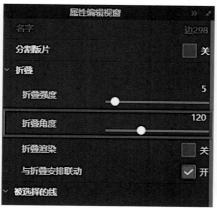

111.在属性编辑视窗的"折叠角度"栏,编辑角度为"120"度。

112.然后选择折叠安排工具,把领子翻下来。

113.待领子翻下来后，再进行模拟。

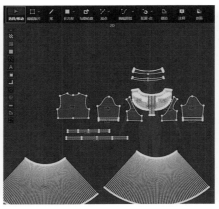

114.在2D视窗按快捷键"Ctrl+A"，选中所有的版片。

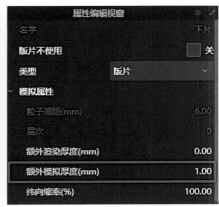

115.在属性编辑视窗的"增加渲染厚度"栏（即衣服面料版片厚度）把数值设置为"1"。

116.在3D视窗打开"面料厚度"，使3D视窗的服装版片显示厚度。

117.在3D视窗打开"隐藏样式3D"，使衣服上的粘衬、层次、粘衬条等颜色隐藏起来。

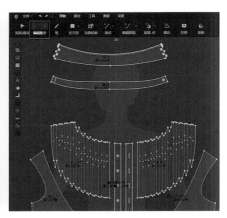

118.点选"编辑版片"工具，在2D视窗点选领子、领座与门襟版片的边线。

119.并在属性编辑视窗的"双层表现"栏，用鼠标点选"开"。

120.3D视窗服装的领子、领座与门襟边缘有了双层的效果。

121.在3D视窗打开"显示面料纹理"功能，使3D视窗显示服装面料纹理。

Style 3D
标准教程

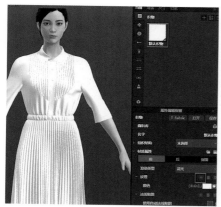
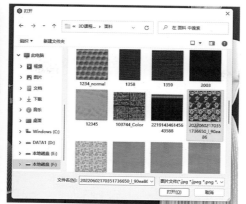

122.在场景管理视窗"当前"栏的"织物"栏中点选"默认织物"图标,然后在属性编辑视窗的"纹理"栏点击"+"进行面料添加。

123.待弹出文件窗口后,找到需要的面料纹理图标并点击"打开"。

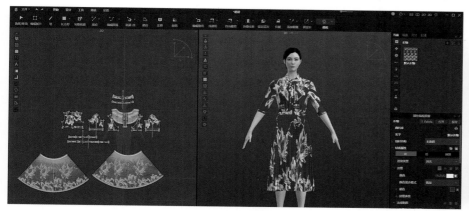
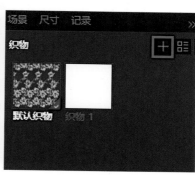

124.点击打开后,所选面料应用到"默认织物"和面布版片上。在2D视窗织物应用到的版片会显示红色。

125.在场景管理视窗的"当前""织物"栏中鼠标点击"+",增加"织物1"。

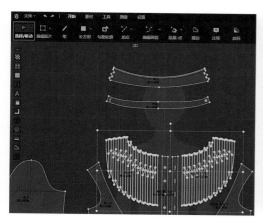

126.选择"选择/移动"工具,选择左、右塔克褶版片。

127.在场景管理视窗的"当前"栏中点击"织物1",然后单击鼠标右键,选择"应用到选中版片",即所选"织物1"已应用到左、右塔克褶版片中。

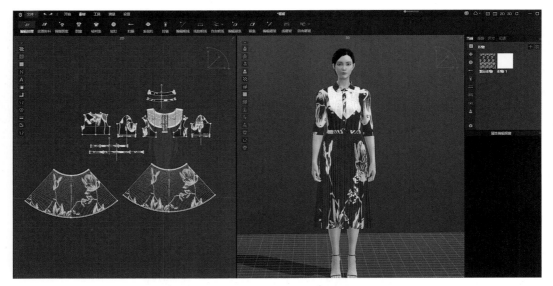

128.打开模拟后点选模特，在属性编辑视窗的编辑虚拟模特栏选择姿势"I"，待姿势切换好后点击文件栏中的"保存项目"，把做好的工程文件进行保存，塔克褶连衣裙制作完成。

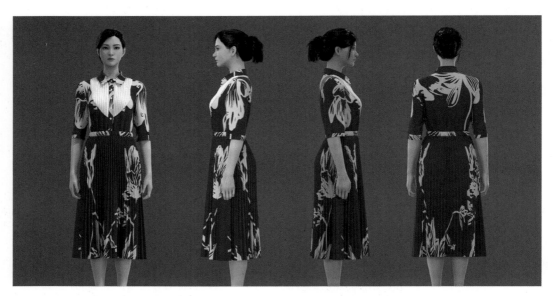

129.塔克褶连衣裙最后完成效果。

第四章

3D 场景的动态展示

第一节　动画编辑器介绍

学习目标	1. 能够熟练运用 Style3D 进行走秀试衣 3D 场景的动画编辑器功能。
	2. 掌握 Style3D 软件的动画编辑器作用，熟悉如何简单制作 3D 走秀试衣动态的操作方法。
学习任务	应用 Style3D 的动画编辑器功能，检查模特成衣的实时状态，完成 3D 走秀成衣的简单动画。
内容分析	阐述了如何检查成衣在动画编辑器中的实时状态，对检查"冷冻""固定针""假缝"进行图解，展示了开启动画编辑器、创建动作、录制、播放及导出保存的获取方式。

 案例详解

1.在电脑桌面鼠标双击 Style3D 软件图标，运行软件。

2.输入账号和密码打开软件。

3.从文件中选择"打开"到"打开项目文件"。

4.界面弹出"打开项目文件"窗口，选择"服装""模特""场景"。

5.显示已经完成的"2D版片"和"3D模特"，然后开始制作简单的走秀动态图。

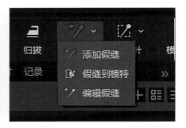

6.制作动画前，点选"开始"栏的"固定针"工具，检查是否存在"固定针"。

7.在3D视窗中点击右键"删除所有固定针"。

8.点选"开始"栏的"添加假缝"检查是否存在假缝，选择"编辑假缝"。

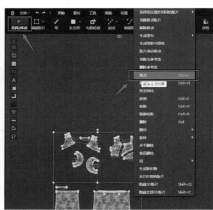
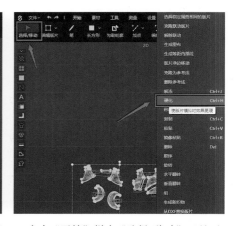

9.找到假缝处，按住"Delete"键删除。

10.点击"开始"栏中"选择/移动"工具，左键全选2D视窗中的所有版片，然后右键选择"解冻"。在制作动画走秀前要确保衣服上的版片没有"冷冻"，因为"冷冻"会导致衣服在走秀时被定住，不和模特一起进行移动"模拟"。

11.点击"开始"栏中"选择/移动"工具，左键全选2D视窗中的所有版片，然后右键选择"解除硬化"。"硬化"会导致衣服在走秀时被定住，模特在走秀时不自然，除了特殊装饰和细节外，尽量不要"硬化"。

Style 3D
标准教程

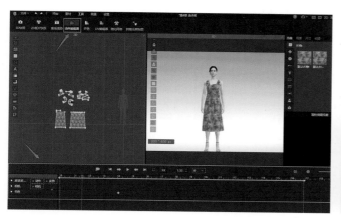

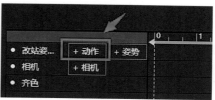

12.检查好所有的"固定针""假缝""冷冻""解除硬化"后，在菜单栏的"工具"栏用鼠标点击"动画编辑器"功能图标，开启"动画编辑器"视窗。

13.根据模特所穿的鞋子类型添加"动作"。模特穿高跟鞋，添加"高跟鞋I"或者"高跟鞋T"都可以。

14.勾选"创建动作过渡动画"，勾选后将创建一段过渡动画，表示模特只是从当前过渡到选中动作的起始姿势。该段动画可以让模特、服装自然地过渡到动作开始状态。没有过渡动画的情况下可能会出现服装穿模异常。

15.勾选"动作从当前位置开始"，勾选后表明模特将从当前所站立的位置开始走秀动作。若未勾选该选项，模特将位移至动作预设的位置并开始动作。

16.勾选"动作始终保持在原地"，勾选后，模特将移动到预定位置开始走秀，并且始终在原地行走（有行走动作，但模特不发生位移）。

17.添加"动作"后，点击确定。

18.动画轴上显示创建的"高跟鞋走秀I"动作。

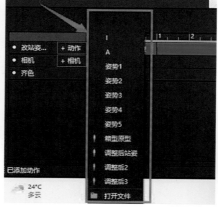

19.同时点击"姿势"选择添加。

20.选择你要添加的"姿势"，下面用"姿势3"举例。

21.创建姿势过渡动画。系统会自动创建当前姿势与添加姿势之间的过渡动画。

22.过渡动画时间。决定过渡动画的时长，时间越长则过渡过程越慢，相对应服装动画将更好地跟随模特，不易发生穿模。

23.选择"添加姿势"，模特将在原地完成上一个姿势到新姿势的过渡。

24.也可选择"添加姿势并将人体过渡到姿势初始位置"，模特将会完成上一个姿势到新姿势的过渡，同时移动到姿势预设的位置。

25.例如，已经创建"添加姿势"，姿势3就会出现在动画轴中。

26.创建完动作或者姿势，就可以点击"录制"进行走秀模拟录制。

27.在录制的过程中尽量不要去做其他的操作，要等黄色的进度条走到和蓝色条齐平。

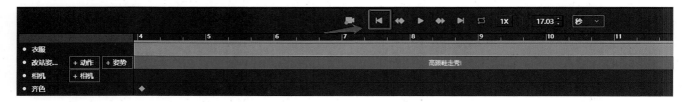

28.动画走秀录制完成后，鼠标点击"转到开始"图标按钮，模特就会回到原始位置。

29.点击"播放"按钮，模特就会自动生成走秀动画。

30.点击"结束"按钮，模特动画就会播放到最后一帧。

Style 3D
标准教程

31.点击"播放/暂停"按钮，模特动画就会播放或者暂停。

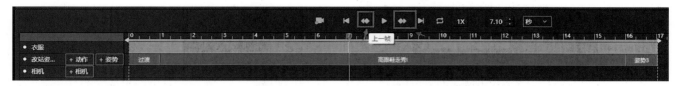

32.点击"上一帧"或者"下一帧"，模特动画就会播放或者暂停"上一帧"或者"下一帧"的状态。

33.点选"循环播放"，模特动画就会处于"循环播放"的状态。

34.点选"循环速度"，可以调节你想要的动画速度。

35.点选"时间设置"，时间调整器栏输入"时间"数值，可以调节你想要的动画位置，使指针移动到相对的时间线上。

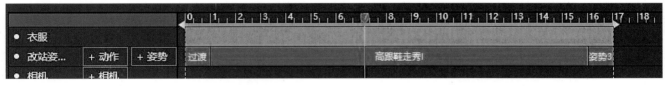

36.滑动"轨道缩放轴"，轨道缩放可对动画编辑界面进行展示缩放。

37.点选"单位"，在"单位"栏可以切换"帧"和"秒"作为单位，1秒有30帧（帧的概念是1帧为一张图片，动画就是将很相近的图片连在一起快速播放产生动画效果的）。

38.完成录制后，点击"导出视频"。

39.支持"MP4""AVI""GIF"三种输出格式。一般选择保存为"MP4"格式较多。

40.保存为"MP4"格式，可以先选择勾选"使用3D视窗效果"，3D视窗内看到的内容均会出现在导出的视频中，包括"缝纫线""冷冻""粘衬效果"等，取消勾选该选项则导出的视频中不包含由程序产生的颜色样式。

41.勾选"保存序列帧为图片"后，除了导出视频外，将把视频的每一帧作为图片单独导出；勾选"图片透明"该选项后，导出的视频及图片中模特的环境背景将会设置为透明（注：T台不会变透明，仅hdr背景会变透明）。

42.选择"直接保存"，如3D窗口预览所示，每一帧以实时渲染效果导出动画。

43.选择"本地渲染"，每一帧单独通过离线渲染生成图片后再导出动画，离线渲染在本地完成（要开通渲染账号）。

44.选择"云端渲染"，每一帧单独通过离线渲染生成图片后再导出动画，离线渲染在云端完成。

45.导出动画视频后，点击菜单栏"文件"，选择"另存为"，另存为项目文件。

46.保存文件名称"走秀连衣裙"，保存类型格式"sproj"，下次打开项目，再打开动画编辑器，就会显示已经生成动画走秀的文件了。

Style 3D
标准教程

第二节　动画、相机、齐色的制作方法

学习目标	1. 能够熟练运用Style3D进行走秀试衣3D场景的动画、相机、齐色的制作方法。 2. 掌握Style3D软件动画编辑器的动画、相机、齐色作用，熟悉如何利用动画、相机、齐色的功能丰富3D走秀试衣动态的效果。
学习任务	应用Style3D动画编辑器中动画、相机、齐色作用的功能，实践操作 3D走秀试衣的动画的制作，进行动画、相机、齐色的设置，完成3D走秀成衣丰富的动画效果。
内容分析	展示如何使用动画编辑器中动画、相机、齐色作用的功能，阐述动画编辑中模拟帧率、模拟时间、品质、分辨率、方向、宽度、高度、开始时间、结束时间、播放时间缩放的设置，强调了相机过渡效果和过渡速度及齐色方案的设置。

案例详解

 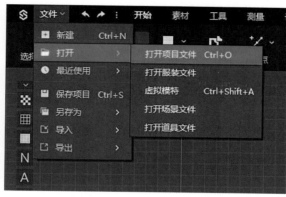 

1.在电脑桌面鼠标双击Style3D软件图标，运行软件，输入账号和密码，打开软件。

2.点击"文件"栏中"打开"到"打开项目文件"，打开第四章第一节保存的"sproj"格式文件"走秀连衣裙"。

3.界面弹出"打开项目文件"窗口，选择"服装""模特""场景"。

 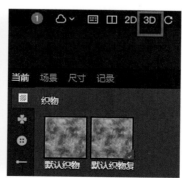

4.显示打开的文件。

5.制作动画前，将操作菜单栏右上角的场景切换为"3D"视窗更加方便。

6.打开"工具"栏的"动画编辑器",动画编辑界面就会显示。

7.显示第四章第一节做好的动画文件,接下来进行设置"动画""相机""齐色"的操作。

8.点击"动画属性",打开"动画""相机""齐色"工具栏(不出现界面的化,可以刷新一下)。

9.点击"动画"窗口,就会出现各种参数设置,下面我们来进行一一讲解。

10."模拟帧率"设置是"10倍"。这个数值越高,动画的服装模拟效果越细腻,相应的动画生成时间越长,一般设置在10~50倍之间。

11."模拟时间缩放"目前设置是"1"。这里可以单独针对面料服装(不影响模特动作)调整模拟速度的快慢,以创建服装的"慢动作"或"快动作"。

12.设置动画中模拟品质的高低,一般选择"精确"。

13."分辨率"设置的是最终产出的视频分辨率,例如"1024×768"。

15."方向"选择"水平",最终产出的视频是横屏,若选择"竖直"就是竖屏。

14.在3D视窗里面的左下角,就会出现调试好的分辨率"1024×768"。

16."宽度"设置"1024","高度"设置"768",这是最终产出视频的长宽的像素数。

17."开始时间"是"0","结束时间"是"17.03"秒,可自己设置想要的时间和帧间。

18."播放时间缩放"目前设置是"1"。这里可以设置视频整体的播放速度,让导出的视频实现"快放"或"慢放"效果。

Style 3D
标准教程

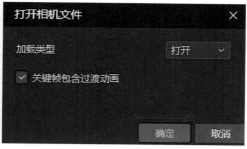

19.设置动画路径相机，选择 20.打开相机文件，勾选"关键帧包含过渡动画"。
"相机"再选择"女走秀T"。

21.对于相机轴上多余的关键帧，可以点击"删除关键帧"。

22.也可以在"相机轴"的相应位置点击"创建关键帧"。

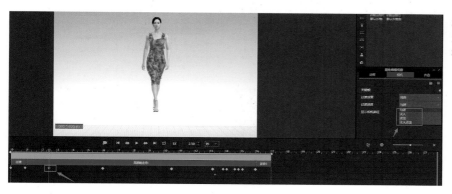

23.在"属性编辑视窗"中可以针对每一帧设置"过渡效果"，可选择"线性、跳变、跟随模特、环绕模特一周"的其中一个效果。

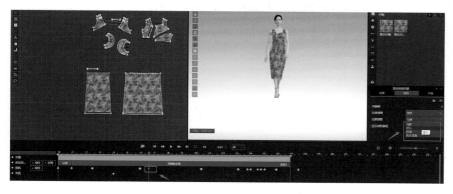

24.在"属性编辑视窗"中可以针对每一帧设置"过渡速度"，可选择"匀速、淡入、淡出、淡入淡出"的其中一个速度。

25. 勾选"显示相机路径"，相机路径就会显示在3D窗口，一般选择不勾选。

26. 在动画编辑视窗"齐色"栏，可右键在"齐色轴"设置关键帧。

27. 在工具视窗点击"齐色"栏，出现对织物的设置，点击"织物"，在属性编辑视窗点击"颜色"。

28. 选择"织物"，点击需要的颜色，点击"确定"。

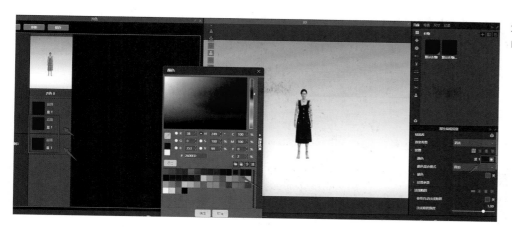

29.剩下两块织物也可选择需要的颜色并点击"确定"。

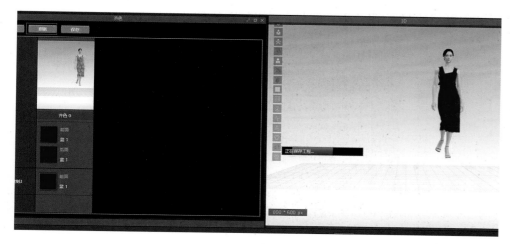

30.点击"更新"，3D视窗中模特的成衣已变成蓝色，播放走秀时的成衣也会变成蓝色。

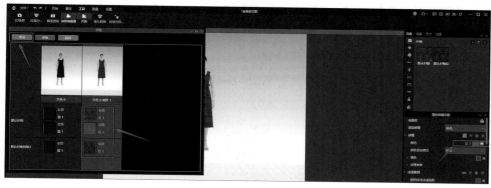

31.也可点击"齐色"中的"新增"，编辑另一种"齐色"的色彩，对比不同的"齐色"效果。

32.如果想要删除齐色的效果，就选择"齐色效果"，点击右键选择"删除齐色"。

33.齐色的效果可以单独进行保存。点击"保存"，进行"图片""旋转动画""画册"的保存。

34. 如果对齐色效果感到满意，点击"文件""另存为""另存为项目文件"保存齐色后的蓝色效果，保存文件为"sproj"格式，保存项目名称为"蓝色走秀连衣裙"。

35. 也可以点击"导出视频"，直接保存为MP4格式。

第三节　场景搭建

学习目标	1. 能够熟练运用Style3D进行走秀试衣3D场景的搭建。
	2. 掌握Style3D软件的场景编辑功能，熟悉如何简单制作3D走秀试衣场景搭建的操作方法。
学习任务	应用Style3D的场景搭建，实践操作 3D走秀试衣的步骤，检查模特成衣的走秀效果，完成3D走秀成衣的背景的搭建。
内容分析	阐述了如何设置在3D动画效果制作的场景搭建，同时可在场景搭建时对"动画编辑器"中的相机、齐色功能进行图解，强调了3D场景搭建的制作方法。

Style 3D
标准教程

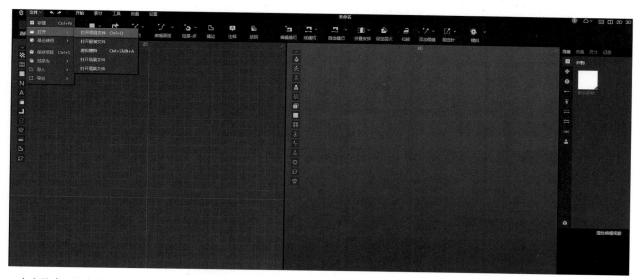

1.在电脑桌面用鼠标双击Style3D软件图标，运行软件，输入账号和密码，打开软件。待软件打开后点选"打开"到"打开项目文件"，打开第四章第二节保存"sproj"格式的"蓝色走秀连衣裙"。

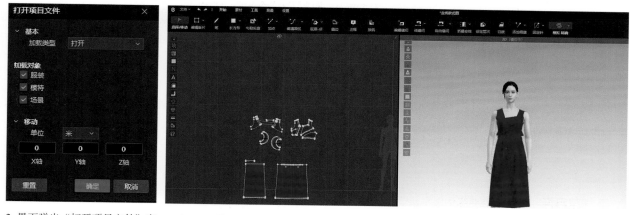

2.界面弹出"打开项目文件"窗口，选择"服装""模特""场景"。

3."sproj"格式的"蓝色走秀连衣裙"文件在软件中打开。

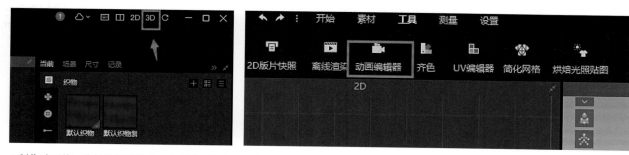

4.制作动画前，将场景切换为"3D"视窗更加方便。

5.打开"工具"下面的"动画编辑器"，就会显示动画编辑界面。

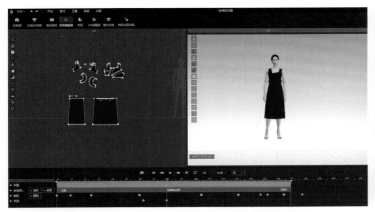

6.显示第四章第二节做好的动画文件,接下来进行设置动画场景的搭建。

7.点击"当前"视窗的"资源库"的"场景"栏。

8.点击"资源库"的"场景",添加"场景"图标,可以给3D视窗添加走秀舞台场景,或导入自己设计好的场景舞台。

9.择合适的场景舞台,如图"舞台01","打开"场景文件,选择加载对象"道具""离线渲染灯光",点击"确定"。

10.添加舞台场景后3D视窗会被拉远,滑动"鼠标滚轮键"可以拉动模特的远近景变换,或者按住"鼠标滚轮键"拖动模特,切换想要的不同的角度。

11.点击"场景"中的"地面"和"风控制器",可以选择显示或者隐藏。

Style3D
标准教程

12. 在"场景"中点开"相机"里面的"实时渲染灯光",可以进行调节。

13. 在"场景"中点开"相机"里面的"实时渲染灯光",可以调节"阴影"的开关和强度。

14. 在"场景"中点开"相机"里面的"实时渲染灯光",可以调节"平行光"的开关。

15. 在"场景"中点开"相机"里面的"实时渲染灯光",可以打开"平行光"的跟随相机。

16. 在"实时渲染灯光"中打开"跟随相机"可以调节强度,打开"颜色",例如"洋红",灯光就会变成洋红色,点击"确定"。

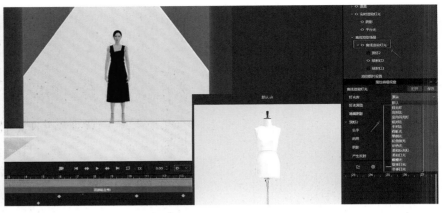

17.在"场景"中点开"相机"里面的"离线渲染灯光",可以进行调节。

18."离线渲染灯光"的顶灯光源在"灯光库"里面可以设置,可以从"背光灯、高对比、室内闪光灯、低对比、中对比、霓虹灯、单侧光、伦勃朗光、彩色光、柔和反光灯、柔和日光、蝴蝶光、夏季灯光、冬季灯光"中选择一种。

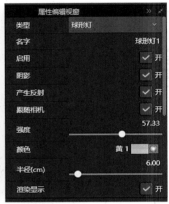

19."离线渲染灯光"的顶灯效果在灯光库里面可以进行调节,例如打开"产生反射""跟随相机"。

20.在"离线渲染灯光"中打开"球形灯2",打开"类型",灯光类型可以选择"球形灯、面广源、平行灯、聚光灯、LES灯"等。

21.在"离线渲染灯光"中打开"球形灯2",灯光类型选择"球形灯2",勾选"启用""阴影""产生反射""跟随相机""强度""颜色""半径""渲染显示"。

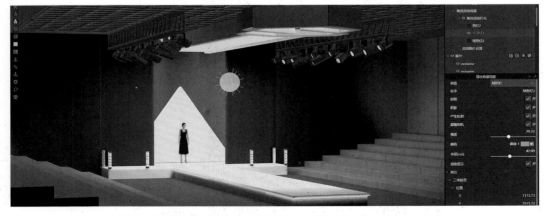

22.上图就是调节"球形灯"之后的效果,其中各参数可在"属性编辑视窗"中进行调节。

Style 3D
标准教程

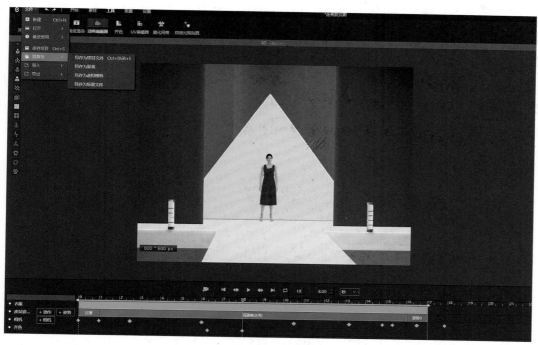

23.如果对背景调节效果感到满意，点击"文件""另存为""另存为项目文件"保存调节好的场景搭建，保存文件为"sproj"格式，保存项目名称为"连衣裙"。

24.也可以点击"导出视频"，直接保存为MP4格式。

第五章

Style3D 真人渲染效果制作

第一节　Style3D 软件界面

学习目标	1. 了解 Style3D 真人渲染效果制作。
	2. 掌握 Style3D 软件渲染各项功能及属性，可以有效地进行图片渲染与保存。
学习任务	掌握 Style3D 软件工具栏中离线渲染的各项功能及属性，渲染图片属性的设置与更改，资料素材的准备、修改及修改要求等，实现各界面中的工具使用及参数调整。
内容分析	了解真人渲染准备素材要求、真人渲染制作流程等。

案例详解

 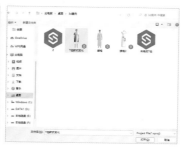 

1.首先运行软件，然后在"文件"栏中打开项目文件。

2.界面弹出窗口后，选择前期已经建模完成的工程文件，点击"打开"。

3.弹出打开项目文件对话框，点击"确定"把项目文件添加到软件内。

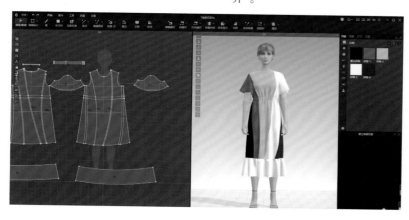

4.项目文件打开后，给3D视窗的虚拟模特与服装展示确定一个固定姿态，可输入数字"2"，使其以正面的姿态呈现（如需要什么姿态可根据需要任意选择）。

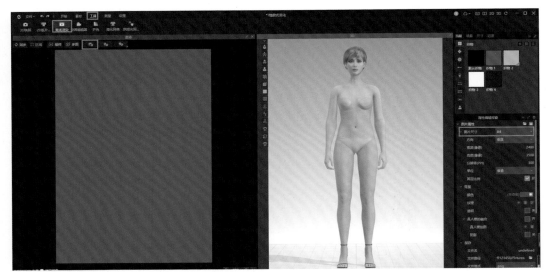

5.在"工具"栏中点击"离线渲染",待弹出渲染窗口后,再点击渲染窗口上方的"渲染图片属性",并在属性编辑视窗中更改"图片尺寸"为"A4"。

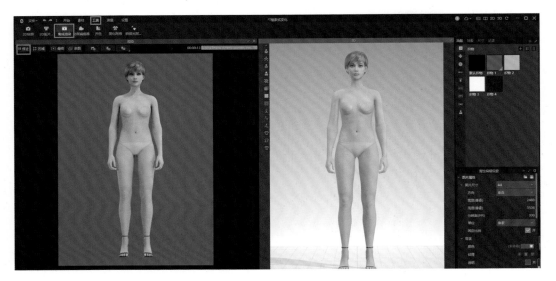

6.在渲染窗口上方点击"同步",软件开始渲染,渲染窗口逐渐呈现渲染效果(切记3D视窗的姿态、角度、大小都不能更改)。

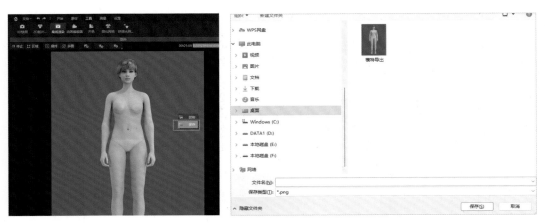

7.渲染完成后,鼠标放在渲染界面,点击右键并选择保存。

8.界面弹出窗口后,更改保存路径与文件名,点击"保存"。

Style 3D
标准教程

资料1

资料2

模特导出

9.为了方便后期处理，在互联网上查找并下载与导出的模特姿态、像素相近的资料图片。

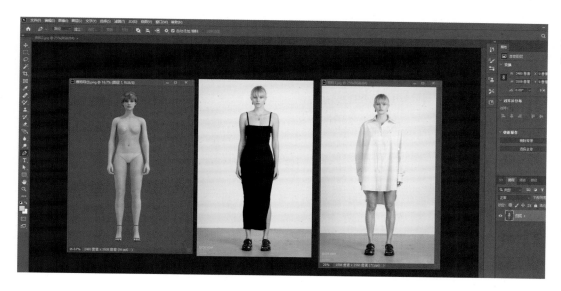

10.运行PS软件，并把要处理的导出模特与资料图片在软件中打开。

11.以导出模特的姿态为基础，应用资料图片进行图片合成（图片大小、姿态都不能改变，渲染后未被服装遮挡的部位都要进行处理）。

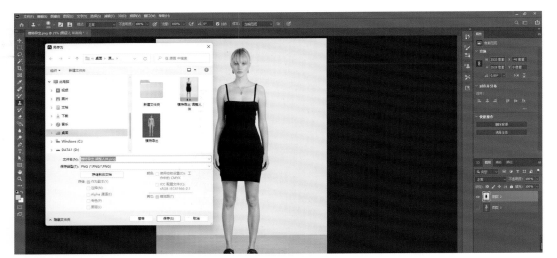

12.图片处理完后进行
保存。

13.返 回 到Sty1e3D软 件
操作界面。

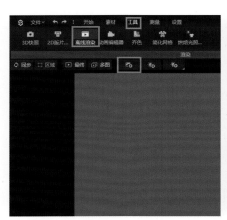

14.在"工具"栏中点击"离线渲染",待弹
出渲染窗口后,再点击渲染窗口上方的"渲
染图片属性"。

15.在属性编辑视窗中更改"图片尺
寸"为"A4",勾选"真人模拍融
合",并在下方的真人模拍照中点击
"+"。

16.界面弹出窗口后,选择在PS软件中处理好的模特
图片。

Style3D
标准教程

17.在渲染窗口上方点击
"同步"，软件开始渲染
（渲染时切记3D视窗的
姿态、角度、大小都不
能更改）。

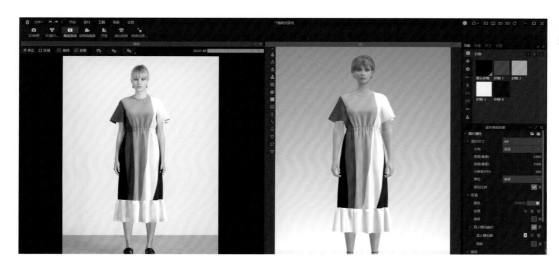

18.此时渲染窗口就会呈
现所渲染的效果。

19.渲染完成后，鼠标放在渲染界面，点击右键并选择
"保存"，对图片进行保存。

20.界面弹出窗口后，更改保存路径与文件名，点击
"保存"。

21.打开保存的图片，发现由于人体的差异会有细微的瑕疵，可以利用PS软件进行修整。

22.图片修整完后的效果，可以作为其他用途的使用，如上传电商平台等。

第 六 章

学生 3D 作品赏析

图 6-1 作者：白天浩

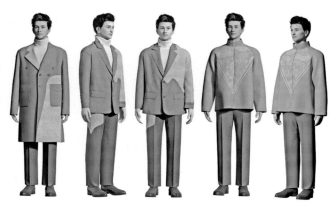

图 6-2 作者：陈格格

图 6-3 作者：丁千蕙

图 6-4 作者：董子源

图 6-5 作者：郭桐欣

图 6-6 作者：洪仪

图 6-7 作者：黄亦君

图 6-8 作者：李江飞

图 6-9 作者：梁淇琳

图 6-10 作者：刘俊豪

图 6-11 作者：刘铭

Style 3D
标准教程

图 6-12　作者：刘倩

图 6-13　作者：龙承光

图 6-14　作者：宋德龙

图 6-15　作者：孙雨晴

图 6-16　作者：万雨清

图 6-17　作者：王含伊

图 6-18 作者：王子聪

图 6-19 作者：陈夏怡

图 6-20 作者：肖美琳

Style 3D
标准教程

图 6-21 作者：张婷婷

图 6-22 作者：叶真希

图 6-23 作者：易申

图 6-24 作者：袁学凤

图 6-25 作者：詹晋

Style 3D
标准教程

图 6-26 作者：张怡萍

图 6-27 作者：钟晓晴

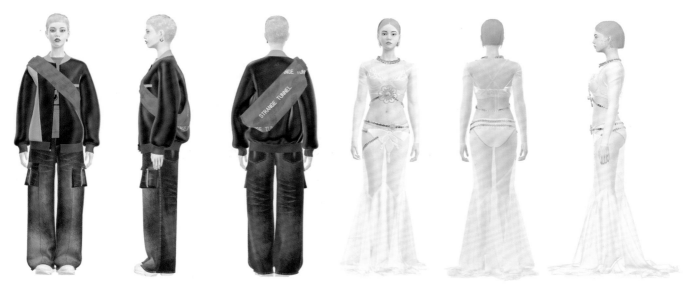

图 6-28 作者：黄聪

图 6-29 作者：金慧莹

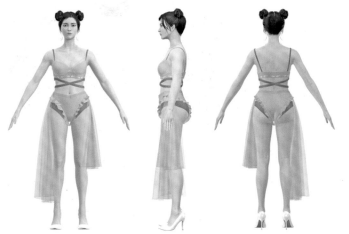

图 6-30 作者：李昕烨

图 6-31 作者：马行宇

图 6-32 作者：辛若怡

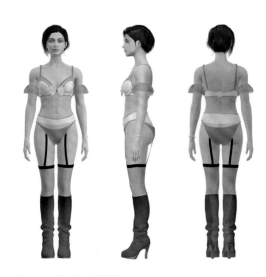

图 6-33 作者：叶明浪

Style 3D
标准教程